住房城乡建设部土建类学科专业"十三五"规划教材
高等学校建筑学专业推荐系列教材

建 筑 理 论 与 设 计：
ARCHITECTURAL THEORY AND DESIGN:

朱 雷 著

中国建筑工业出版社

图书在版编目（CIP）数据

建筑理论与设计：空间 = ARCHITECTURAL THEORY
AND DESIGN：SPACE / 朱雷著 . —北京：中国建筑工业
出版社，2021.9
住房城乡建设部土建类学科专业"十三五"规划教材
高等学校建筑学专业推荐系列教材
ISBN 978-7-112-26438-4

Ⅰ . ①建… Ⅱ . ①朱… Ⅲ . ①建筑理论—高等学校—
教材②建筑设计—高等学校—教材 Ⅳ . ① TU

中国版本图书馆 CIP 数据核字（2021）第 159520 号

本书为建筑类专业（包括建筑学、城乡规划、风景园林）的核心课程。围绕建筑学的核心问题"空间"，展开理论与设计的关联思考与讨论。

全书共八讲，从空间问题的缘起开始，进而讨论空间的双重性理解，从"房间"和"位置"这两类朴素观念出发，追问建筑空间创造的动机、类型和方法；以此为框架，重新梳理并反思现代建筑以来的空间问题，并激发学生面向当代现实和本土境遇的体认、思考和创造。本书适用于建筑类专业，包括建筑学、城乡规划、风景园林三个专业的学生和教师，也适用于相关创意设计专业人员参考。

为了更好地支持相应课程的教学，我们向采用本书作为教材的教师提供课件，有需要者可与出版社联系。

建工书院：http：// edu.cabplink.com　　　邮箱：jckj@cabp.com.cn　　电话：（010）58337285

责任编辑：王　惠　陈　桦
责任校对：张惠雯

住房城乡建设部土建类学科专业"十三五"规划教材
高等学校建筑学专业推荐系列教材
建筑理论与设计：空间
ARCHITECTURAL THEORY AND DESIGN：SPACE
朱　雷　著

＊

中国建筑工业出版社出版、发行（北京海淀三里河路 9 号）
各地新华书店、建筑书店经销
北京雅盈中佳图文设计公司制版
北京同文印刷有限责任公司印刷

＊

开本：787 毫米 × 960 毫米　1/16　印张：$8\frac{1}{2}$　字数：105 千字
2021 年 9 月第一版　2021 年 9 月第一次印刷
定价：**29.00** 元（赠教师课件）
ISBN 978-7-112-26438-4
　　　（37981）

序

　　建筑学是一门观念与实践、知性与技能并重的学科。尤其自现代主义建筑以来，建筑设计被看作是思维与现实相互作用的过程和产物，建筑物则是最终成果和体现。而建筑理论，从其广义的定义上，即是对观念和思维方式的讨论与提炼。其意义在于揭示和问题化，即揭示表象背后所隐含的，或被表象所遮蔽的"事实"，给出具有普遍性的解释，提出有价值的、具有启示性和普遍意义的问题，提供认识世界的视野与方式。简单地说，建筑理论解决的是如何想，以及想法如何被构筑的问题。在这一意义上说，建筑理论不是自我封闭的或者自足的概念论证，而是具有与设计问题关联的指向性；建筑设计也不再是纯粹经验的，而是一种自觉的和批判性的探究过程。因此，建筑理论课的设置是建筑学学科知识与思维方式构建的基础。

　　"建筑理论与设计系列"教材以建筑学中的基本议题为出发点，结合建筑设计教学中的基本概念和问题，阐述设计手法与方法、物质形态形成背后的观念及观念的演变，建立理论与设计的关联。不同于介绍各种建筑理论、思潮、流派的著作和教学参考书，也相异于以各类讲解具体做法为主的建筑设计原理教材，本系列教材注重在视野、观念、认知和意识上理解和认识怎么做的问题，在"如何做"和"如何想"之间建立关联。为此，这些教材在建立基本知识和知识脉络的同时，尤其注意展开多视点的论述，呈现同一议题中的不同观点，观点与观点之间的批判性与承继关系，以及它们对当代建筑学和建筑设计中相关问题的回应。

"建筑理论与设计系列"教材由5个单行本组成，分别为"空间"（朱雷著）、"功能"（王正著）、"建构"（史永高著）、"地形"（陈洁萍著）、"词与物"（李华著）。本系列中的教材既可单本独立使用，亦可前后相连，形成一个完整体系。它们既可作为单独的理论课教材，也可以配合建筑设计课教学使用。

前言

作为今天在建筑学中讨论最多的主题之一，有关空间的议题缘起于对建筑基本问题的重新追溯和反思，并最终指向人类基本的生存和创造活动。

在东南大学建筑学院，作为"建筑理论与设计"系列课程的一门，"建筑理论与设计：空间"是建筑学专业的理论课程，共16学时，同时也面向建筑类专业（包括城乡规划和风景园林）开放选课。在相关教学内容的逐年更新发展中：对空间问题的讨论一直延续着虚实结合的策略和方法，即始终结合建筑实体来考察空间，保持具体要素与抽象概念之间的互动；与此同时，相关讨论也逐渐从对设计手法的关注，转向对不同设计操作模式及其历史背景及发展脉络的讨论，进而转向对基本空间问题、概念及其语言的探讨——以此重新梳理与反思现代建筑以来的相关基础，并试图置入当下中国城乡现实环境，连接日常生活感知。

对此，本书从对建筑空间问题的追问开始，展现实用与审美的双重意义；进而探讨空间的不同理解，分别从容器（"房间"）和架构（"位置"）两类基本认识出发，展现不同类型和模式，并追溯其背景、动机和概念；以此为框架，重新梳理并反思现代建筑以来的空间问题，最终指向当代现实和本土境遇，激发思考和创造。

在本书编写过程中，得到国内外很多专家学者的指导和帮助。首先感谢东南大学建筑学院各位领导和同仁的长期指导支持。感谢我的博士导师齐康先生，我在他指导下的博士论文成为相关研究和教学的重要基础；感谢我在美国麻省理工学院的访学合作导师迈克·丹尼斯，作为亲历"德州骑警"教学及"康奈尔学派"的代表人物，以其经验和理论传达了二战以来对现代建筑空间问题的不断追问和反思；特别感谢顾大庆教授，持续研究和关注建筑空间核心问题及基础教学，并作为本书主审，给予了重要的支持和鼓励；感谢"建筑理论与设计"系列课程的李华、史永高、王正、陈洁萍老师，长期相互间的交流和指教使我受益很多。

本书初稿始于我在东南大学中大院研究生工作室的一系列预讲和研讨，重新梳理并补充了相关教学与研究材料，也特别感谢课程助教孙曦梦、祁恬等协助整理讲稿并搜集绘制图片。

感谢中国建筑工业出版社陈桦主编和王惠老师的悉心关注和编辑指导，使本书得以呈现。

目录

第一讲　空间：建筑创造的核心

1.1　空间何为 ··· 002

　　1.1.1　承载人类活动的母体：院宅和剧场 ················· 002

　　1.1.2　人类生存环境再造的产物：废墟和金字塔 ············ 004

　　1.1.3　实用和审美 ··· 007

1.2　何为空间 ··· 008

　　1.2.1　房间：作为容器的空间 ································· 008

　　1.2.2　位置：作为架构的空间 ································· 010

　　1.2.3　房间和位置：双重性的理解 ························· 012

1.3　再造人类生存环境 ··· 014

第二讲　房间：作为容器的空间

2.1　房间的建立 ·· 018

　　2.1.1　康：房间的建立——围合、中心与开口 ··········· 018

　　2.1.2　森佩尔：四要素与空间围合 ························· 021

　　2.1.3　路斯：容积设计 ··· 022

2.2　典范或标准——什么是好的房间？ ···························· 024

　　2.2.1　典范：万神庙 ·· 024

　　2.2.2　标准：多米诺体系和雪铁龙住宅 ··················· 025

　　2.2.3　典范与标准：价值观的判断 ························· 028

第三讲　房间与使用

3.1 不止于实用的空间 ···························· 033

　　3.1.1 万神庙：神、拔高的人 ···················· 033

　　3.1.2 《雅典学园》与圆厅别墅：文明人、有尊严的人 ········ 034

　　3.1.3 院宅：家族传承和象征 ···················· 035

3.2 有明确用途的房间 ···························· 036

　　3.2.1 房间与走廊：功能分化与私人空间 ············· 036

　　3.2.2 专门化的功能性房间：比拟于机器 ············· 038

3.3 重新理解房间与使用功能 ······················ 040

　　3.3.1 空间与功能的规定性与灵活性 ··············· 040

　　3.3.2 面向创造性的活动 ······················ 042

第四讲　房间的分解与重构

4.1 赖特："打破盒子"与连续空间 ··················· 048

　　4.1.1 "打破盒子" ························· 048

　　4.1.2 连续空间 ··························· 050

4.2 风格派——密斯：要素分解与空间构成 ·············· 052

　　4.2.1 塑性形式与要素构成 ···················· 052

　　4.2.2 连续空间与身体的运动体验 ················ 055

　　4.2.3 空间限定与结构支撑 ···················· 058

第五讲　空间作为结构关联

5.1 "房间的社会" ···························· 060

　　5.1.1 房间单元内在的结构关系 ················· 060

5.1.2　房间群的分化与组织 ･････････････････････････ 061

5.2　结构组织：网格、轴线、中心等 ･･････････････････ 063

5.3　有没有统一的结构参照——如何确立位置 ･････････ 065

5.3.1　位置的创建 ････････････････････････････････ 065

5.3.2　统一的结构关系 ･･････････････････････････････ 066

5.3.3　统一与多重 ････････････････････････････････ 068

第六讲　结构关联与使用活动

6.1　不止于实用 ････････････････････････････････････ 073

6.1.1　社会结构与秩序 ･･････････････････････････････ 073

6.1.2　尚未明确分化的流线系统与使用关联 ･････････ 073

6.2　明确分化的流线组织与房间群 ･･････････････････ 074

6.2.1　不同功能房间与流线的分化 ･･････････････････ 074

6.2.2　专门化的功能分工：高效的关联系统 ･･･････ 077

6.2.3　"功能主义"与"泡泡图"的设计方法 ･･････ 080

6.3　对"功能主义"的补充和批判 ･･････････････････ 081

6.3.1　固定的结构与可变的空间 ･･････････････････ 081

6.3.2　服务与被服务空间 ･･････････････････････････ 082

6.3.3　创造性的活动关联 ･･････････････････････････ 083

第七讲　透明性与多重空间

7.1　现代艺术对空间形式的发展 ･･････････････････ 087

7.1.1　现代艺术对画面空间的探讨 ･･････････････････ 088

7.1.2　现代艺术与现代建筑 ･･････････････････････ 090

7.2　两种透明性 ･･････････････････････････････････ 091

7.3 透明、层叠与多重空间 ⋯⋯⋯⋯⋯⋯⋯⋯⋯ **093**

　　7.3.1 透明的形式组织作为一种设计工具 ⋯⋯⋯ 094

　　7.3.2 透明、层叠作为应对矛盾的方法 ⋯⋯⋯⋯ 095

　　7.3.3 多重空间 ⋯⋯⋯⋯⋯⋯⋯⋯⋯⋯⋯⋯⋯⋯ 096

第八讲 再造人类生存环境

8.1 有通用空间吗? ⋯⋯⋯⋯⋯⋯⋯⋯⋯⋯⋯⋯ **098**

8.2 中国式的解决方案?——以院宅为例 ⋯⋯⋯ **102**

　　8.2.1 整体性的空间结构 ⋯⋯⋯⋯⋯⋯⋯⋯⋯⋯ 103

　　8.2.2 基本要素与系统构成 ⋯⋯⋯⋯⋯⋯⋯⋯⋯ 105

　　8.2.3 意义表达与空间叙事 ⋯⋯⋯⋯⋯⋯⋯⋯⋯ 109

8.3 回归现实与重塑未来 ⋯⋯⋯⋯⋯⋯⋯⋯⋯⋯ **112**

图片来源 ⋯⋯⋯⋯⋯⋯⋯⋯⋯⋯⋯⋯⋯⋯⋯⋯⋯ **117**

参考文献 ⋯⋯⋯⋯⋯⋯⋯⋯⋯⋯⋯⋯⋯⋯⋯⋯⋯ **121**

第一讲
空间：建筑创造的核心

作为今天在建筑学中讨论最多、也最充满争议的主题之一，空间问题从何而来？为什么要在建筑学中讨论空间？接下来，则需理解空间是什么？或者说，在建筑学中讨论空间时，它到底指什么？最后，回到建筑设计及创作本身，如何对待和发展这个问题？

这一系列追问直接涉及现代主义以来对建筑基本问题的追溯和反思，正是在这样的背景下，一百年前的德国艺术史学家奥古斯特·施马尔松（August Schmarsow），首次明确宣称"空间是建筑创造的核心"（Space：The Essence of Architecture Creation）；在此之前，同样来自于德语地区的建筑家戈特弗里德·森佩尔（Gotttfied Semper）也从对建筑基本要素的溯源中提出关于空间围合的动机。

另一方面，这一问题又具有某种共通性，不止于某个特定时代，跨越历史直面今天我们每个人：为什么说空间是建筑创造的核心？或者说，空间之于建筑乃至于人类建成环境，有什么意义？

对此，不妨先搁置相关理论话语，回到更基本的常识和认知。

1.1 空间何为

1.1.1 承载人类活动的母体：院宅和剧场

先回到我们曾经熟悉的一个场景，南京甘熙故居，一处院宅内部（图 1-1）。可以看到，这里确实存在着某种空间，它不同于外部自然或城市环境，而是一个被清晰限定的所在，一家人可以在这里生活——不管是内部幽暗的宅子，还是露天明亮的院子，都可供人使用和活动。也就是说，院宅重新限定了自身与外部世界的关系，并有选择地对天空开放，由此也重新限定了自然——人们在这样一个被限定的空间里（包括屋内的房间和屋外的院落），组织家庭生活，进行各类活动。

这是一种常识性的认知和理解。当然，院宅是否仅仅供人居住使用？在日常生活之外，是否还有更恒久的，超越日常乃至某代人生平的空间特质或氛围，存乎其中，穿越历史一直延续至今？这个问题可以再思考，但无论如何，院宅作为容纳家庭生活的载体或母体，这一点是可以清楚地被认知到的。

与之对照的另外一个案例，是在意大利维琴察，由文艺复兴建筑师帕拉第奥（Andrea Palladio）设计改造的奥林匹克剧场（Teatro Olimpico）（图 1-2）。显然，这个剧场要为观众和演员提供一个场所，以容纳观看和表演活动。如果说空间就是容纳人类活动的母体，跟院宅相比，可以看到：这里有着更为完整的空间包裹和与之相关的限定要素——从地面台阶到弧形墙面，直至屋顶天花。

图 1-1 院宅：甘熙故居，南京，中国

图 1-2 剧场：奥林匹克剧场，维琴察，意大利

所不同的是，这里不再是日常生活场所，而是某种超越了日常的表演，似乎不是人类生存所必需，或者说，不只是为了一个实用性目的所进行的活动。表演本身也可以看作是对日常生活的一种凝练、提升或再现——可称之为非日常活动，也是一种公共

性的人群聚集。除了表演之外，这种非日常活动还包括教堂礼拜等礼仪性活动。

　　无论日常生活还是非日常生活，它们都有自身的功用，反映了人类的某种活动需求，建筑空间要满足这个需求——一般将其称作功能或者目的。在历史上很长一段时间里，大多数建筑师关注的是后者，也就是剧场和教堂这类纪念性建筑所承载的非日常活动；很少有建筑师会关注日常生活，尤其是普通人的住宅，直到现代主义之后才发生了转向。[1]

　　如果仔细看，就会发现：在这个剧场空间里面，除了有观众席以及可以想象到的观众席对面的舞台[2]，后部也设置有入口让观众进出，隔离又联系着外部的真实世界；此外，这个剧场还不仅仅是为了让人活动使用，它已经清晰地表现出某种超越实际所需的意图——在剧院后排上空还排列着一组雕塑，仪容端庄、姿态优雅，仿佛是另外一种观众或演员——即使剧场空无一人，也在教导或展示剧场空间的意义。

　　反观日常的院宅——或者我们自己住的房子，这里面是不是只是实用呢？我们可以想象自己或他人在其中生活，度过一生；但除了满足生活所需之外，它还有别的价值吗？也就是说，空间：除了承载人类活动之外，还会有什么别的意义？

1.1.2　人类生存环境再造的产物：废墟和金字塔

　　空间的实用性背后是否还有其他含义？对于这个问题，在房屋生命周期结束之后留下来的废墟，往往不无启示（图1-3）：即使是一座普通的房子，成为废墟后似乎都沾染上某种莫名的特质，吸引人回望和徜徉，更成为画家和摄影师中意的对象——从表面上看，他们所中意的也许是破旧的材料和裸露的结构；进一步，则可能是这种破旧的物质材料所反映的时间印迹，以及这种裸露结构背后所反映的空间关系——尽管这种空间不再被使用，却凝固了人类曾经的活动和创造。

也只有人类才会理解并欣赏废墟，这种理解并不仅仅依赖于眼见的物质，而是一种审美，其背后有一个意识架构：它看上去无关乎实用，但却曾经容纳过实用性活动，如今作为人类创造的产物，转化为审美对象。

与废墟相对的另一类案例则是人类有意识建构起来的纪念物。在青藏高原，众多神山、圣湖之畔，常见由众人拾作堆叠起的玛尼堆，在蓝天白云的映衬下，标识出特殊的场所（图1-4）。这显然也不是为了实际用途，它完全没有内部空间，却在荒野中标识出特定的位置，对抗或呼应着令人心动的高原风光，是游牧民们有意识创造的空间场所。

这一传统可以追溯到数千年前的金字塔（图1-5）。金字塔几乎可以说不是为了实用而建造的——至少不是为了活人，而是逝者；但其实也不只是为了逝者，对于所有看到它、感受到它的人而言，都是一种特别震撼的存在——它的巨大的体量更多呈现于外部空间，而非内部墓穴（存放法老遗体）。它也不同于自然山峰和河谷，是人类创造活动的产物：凝聚了大量的物质、财富、辛劳和智慧，再造了外部世界，面对周期泛滥的尼罗河留下人类自身的标识，是对整个埃及乃至古代世界的建构。

作为最早的纪念性建筑，金字塔常被视为建筑史的开端——与此对照，一所普通的住房成为废墟，可能也具有某种审美意义，这是为什么？前面说过，空间是为了承载人的活动；反之，人类活动也不断改变和再造了空间。也就是说空间既容纳我们，又是人类活动创造的产物。如此，它才具有了审美的意义和潜力：无论是有意识的创造活动，如玛尼堆和金字塔；还是无意识的生活的凝固，如废墟之美。

图 1-3　建筑废墟：西班牙

图 1-4　玛尼堆：中国青藏高原

图 1-5　金字塔：埃及

1.1.3 实用和审美

以上谈到了建筑空间的两个要点：一是承载人类活动的母体，二是人类创造活动的产物。由此回到建筑历史与理论的语境中，也有相关的探讨。关于第一点，一百多年前，德国建筑理论家森佩尔提出了"建筑四要素"，重新追溯建筑的基本要素，并将其与材料建构及目的和动机关联起来，其中明确指出：墙体这一基本要素的目的就是围合（Enclosure），而围合就是为了得到空间（德语称"Raum"，又有"房间"的含义），以容纳人的活动。[3]森佩尔这条线索，看上去首先关注物质，但又不止于物质；物质会凝练为某种要素——譬如墙体；而墙体要素则是为了围合空间——所以空间是目标和动机。

而之前提到施马尔松的空间宣言，同样也是在一百年前的德国，则显示了另一条来自于艺术史的线索：他不关心建筑的实用目的，而专注于审美，即如何看待或欣赏建筑艺术？这正对应了第二点意义——建筑空间作为人类环境再造的产物。对此，施马尔松提出：建筑艺术的价值不在于物质对象，而在于理解和感受它是由所有部分共同构成的整体。比如：一块石头并不只在于它自身雕凿得如何精巧，而在于这个石头如何与其他所有石头共同完成了拱券；而拱券又是如何构成了分隔建筑内外的墙面——既围合又开放，并且同时支撑了屋顶；最后墙面和屋顶又如何共同构成了建筑单元及至整体。这才是建筑创造的核心，即每个建筑构件，乃至每一块石头，它们都是相互关联的整体——这个关联是空间性的，也是人类认识透过物质现象所能达成的美学观照（Reflection）。[4]

正是从这个角度，施马尔松提出空间才是建筑创造的核心——这是和森佩尔不同的出发点，分别从有关实用和审美的不同角度，揭示了空间的核心价值。后面我们还会看到，这两条线索也会彼此交叉并引向对空间含义的多重理解。

至此可以回应最初的问题：为什么空间是建筑创造的核心？首先，它可以容纳我们的活动，就像剧院或者院宅那样；但如果我们继续去追问剧场和院宅背后有没有其他空间含义，我们不妨先去看另外一些似乎完全相反的案例，比如金字塔和废墟：它们似乎超越了实用，或者将曾经的实用转化为审美，作为人类活动再造的产物，呈现出更为经久的基本含义。

1.2　何为空间

上一部分讨论解释了为什么空间是建筑的核心，接下来的问题则是：什么是空间？或者说，当我们在建筑学中讨论空间时，它究竟指什么？

1.2.1　房间：作为容器的空间

譬如我们课堂所处的这个环境，一间教室或者讨论室，这是空间吗？显然，我们一般会认为我们是在某个房间里，这个房间容纳我们的活动，将其与外部环境及其他活动隔离开来。这是一个非常朴素的理解，即空间作为某种房间乃至容器，它有着一定体量，以适合尺寸的地面、天花和四壁围合而成——由此承载、限定并容纳我们的活动。

从房间开始来理解或定义建筑空间，是大多数普通人乃至建筑师最常见的理解方式。对此，路易斯·康（Louis Isadore Kahn）明确提出"建筑始于房间的建立"（图2-1）。[5] 这是一种非常经典的理解，把房间作为基本原型和单位，而个人则可以跟房间建立联系，进而组成"房间的社会"。[6] 在这里，"房间"是看得见、摸得着的对象，因此也可以被相对独立地拿出来讨论。

从房间这个起点出发，接下来就会讨论，该怎么设计一个房间？或者说，什么是一个好的房间？有没有房间的原型或者标准？可以看到，似乎曾经有过这样的原型，如同罗马万神庙（Pantheon）所确立的一种典范（图2-7）；也有提出过某种"标准"，或者说标准化的基本单元，如同勒·柯布西耶（Le Corbusier）的"多米诺"（Domino）体系（图2-8）和"雪铁龙"（Citroen）住宅（图2-9）。

这是两种是完全不同的概念。万神庙当然是一个恢弘的大房间，它不只是为了容纳众人，而是超越了实用，是为了众神所创造的一个空间。前面提到的剧场，也可以看作为一个特殊的房间：台阶式下沉的地面，墙体、列柱和雕塑形成的周边围合，涂抹天空画境的天花，共同限定并表现出某种空间需求和特质，既满足观看和演出实际所需，也表达出超越于实用的含义。

关于万神庙和多米诺所展现的对于房间的不同理解，在下一讲中会继续展开。但是，如果回到对空间的完整理解，仅仅把空间看作为房间是否足够呢？假设空间就是房间，而这样的房间似乎等同于容器，那么，我们确实只需要讨论容器本身就可以了，如同工业产品一样；但果真的如此吗？

事实上，当我们在一个房间里，不管如何清楚地描述它的状态，它的四壁、地面和天花的细节，别人还是不知道你究竟在哪里。如同康的图解里的那扇窗和那位访客所暗示的那样，我们会进一步意识到自己不只在这个房间里，还同时存在于一个更大的自然和社会环境中。如同我们课堂所处的这个房间，或许位于建筑学院的某栋大楼——或者说，一个更大的房间群里，房间入口即是这样一个明证。再进一步，这栋大楼又可能在一个校园里；而一个好的校园既要与周围的城市或自然环境有所隔离又要有所关联——正如一个房间与其他所有房间的关系一样。如此，方能完成对房间的描述和定位；要不然我们可以把这个房间搬去任何地方，如同移动的汽车和轮船。再仔细论证下去，我们还会在房间的四壁和天花上找到更多的证据：它们目前的状态可能不只取决于房间本身，还取决于这个房间之于整栋大楼乃至周围环境的关系；除了显而易见的门窗之外，在这个房间上空我们看不到的地方，可能还有另一处夹层空间而非直接位于屋宇覆盖之下，这一因素至少共同决定了为什么这个房间的天花是平的，而非康所描绘的一个高耸的穹顶，等等。[7]

回到前面讨论的院宅，也可以看到，在院宅里当然也是有房间的——甘熙故居在民间俗称"99间半"，意味着众多的房间群。但如果我们稍加仔细地观看上述照片中的场景（图1-1），就会清楚地感受到不只有房间，还有院子——并且这个院子也像房间一样是被围合起来的，只对天空开放——因此似乎有一处室内的房间，接下来又有一处室外的像房间一样的院子。但这还不够，因为在这里，室内外空间是可以相互联通的，既分又合；并且，沿着内外关联的某一方向，已经发展出一个序列——透过位于照片中心的门洞，可以感受到一重重的序列关系，所谓"庭院深深"。总之，在这里，我们既可以看到房间，还可以看到院子，以及房间和院子反复叠合的序列。生活于此的人会感受到自己在房间里，同时也会感受到自己不仅在房间里，因为这个房间对着院子，院子和房子彼此关联并相互定义；并且，再进一步，还可以清晰地感知到自己还处在一串由"房间—庭院"构成的院落空间序列里，进而可以定位自己在第几进、第几个院落；最后，这些房间透过院子也重新定义了自身与自然（天空）的关联。

1.2.2 位置：作为架构的空间

所以，什么是空间？除了最朴素的关于房间的理解之外，还存在着另外一种理解——位置，或者说是一种结构性关联。也就是每个房间都有它的位置或地点——我们都知道某个房间在哪里，否则就无从找到，甚至也无法进入。这也证明了建筑不等同于容器、抑或汽车与轮船——因为对于后者的理解不怎么依赖于地点和位置关系。

由此，建筑空间的另外一个重要定义即跟"地点"和"位置"相关。与房间不同，它不只是一个独立的对象，而是一种整体架构或相互间的关联。

有关位置的最初的理解，可以回溯到金字塔。金字塔的建造显然不只是为了得到一个房间：除了隐藏很深的存放木乃伊的小小的墓室之外，它庞大体量的主要目的并不仅仅是作为"容器"；而是如图所见（图1-5），在外部环境中建立一个巨大的、几何化的人工体量，以此对抗空旷的自然和时间的侵蚀，屹立数千年。

由此，金字塔更多展现了外部空间的定位，成为一个纪念物，并标志着一个特殊的所在：这个所在不止于现实需求，而与另一个死亡或封存的世界相关，它以最强烈的几何体量标注了这个看不见的世界，同时也重塑了外部现实，成为古代埃及世界的坐标。如果没有金字塔，我们甚至将难以想象和定位古代世界。它是曾经的法老王国，人类集体共同塑造的丰碑，在周期性泛滥的尼罗河谷，屹立起埃及古代世界的永恒坐标——尽管那时候的人类并没有建立起科学的坐标体系，根本不知道地球是圆的，宇宙有多大；但通过金字塔的建造，确立了一个稳定的点，正如前面所说的，这是人类创造的产物，跨越了时代仡立在这里。

接下来，如果我们意识到位置或结构关联的重要性，那么是否可以继续追问：应该怎么来确定位置呢？建造金字塔是不是唯一的做法？或者说，有没有一个统一的参照？还是需要不断地相互寻找并建立关联？如同我们现在所处的这个房间：我们可能会有一定的认知，理解它与环境的某种关系；但如果不加提醒，又可能会随时遗忘甚至丢失了自己的位置。

那么，究竟应该如何去定位？是否有一个统一的结构参照——如同勒·诺特雷（Le Notre）在法国凡尔赛宫花园（Palace and Park of Versailles）为路易十四国王所建立的中心放射式的控制轴线（图5-7）；还是具有不确定的多重可能——如同当代建筑师伯纳德·屈米（Bernard Tschumi）在巴黎拉·维莱特公园(Parc de la Villette)设计中所展现的层叠和碰撞(图5-5)？这涉及如何理解人类自身与环境，以及个人与他人，乃至所有人的关系。这些问题将在本书第五至七讲中继续讨论。

1.2.3　房间和位置：双重性的理解

上述两点：房间和位置，彼此对立又相互关联，成为理解和定义空间的基本要点。事实上，只有将房间和位置这两方面共同理解，才能完整地定义空间，这也构成了对建筑空间的一种根本性的双重理解：既容纳人的活动，同时又不断建构或再造着人类世界。只有当它既容纳你，同时又重构了你和外部世界的关系的时候，建筑空间才具备了完整的意义。

对此，建筑师伊利尔·沙里宁（Elie Saarinen）曾言，建筑的一个重要秘密就是在空间中创造空间。[8] 如果仅仅是用来容纳人的容器，几乎相当于是阿拉伯传说中被关在瓶子里出不来的妖怪，这不是人和世界的关系，所以说"黑房间"不是建筑（事实上，也不可能存在真正与外界隔绝的"黑房间"）。建筑空间在限定自身内部的同时，也重塑了外部世界以及内外之间的关联，这种双向的关联也定义和解释了人的存在与活动。

总之，对于房间而言，它可以看作为一个相对独立的对象；而对于位置关系来讲，重要的不是独立的对象，而是相互关联的结构。这样来看，建筑空间究竟是什么？它是一个独立的对象——可以看得见、摸得着，甚至可以把它拿出来、放进去，就像酒瓶架上的容器一样 [9]；还是说其实它根本就是一个位置关系——这个关系甚至可以反过来决定房间的性质。由此，房间的特质既取决于房间自身，也取决于它所在的位置——这两者可以相互一致，也会相互争斗。这样的双重定义和彼此互动，也提供了一代代人不断重新认识并创造空间的动机。

以路易斯·康设计的多米尼克修道院（The Dominican Motherhous）方案为例：这个设计里面充满了各种房间，也同时也充满了组织结构（图 1-6）。每个房间都在它所应在的不同位置上：除了外圈两组私密房间共同完成对内院的围合之外；容纳公共活动的不同形状的大房间，似乎又在争夺或共享内院的中心。为使得每个房间都彰显自身的特性（不被别的房间给消解掉）而又共处在一个整体中，最后形成这样一种全新的格局：在这个格局里，每个房间都获得了自己的位置，并且能够被感知到——因为中间是个院子；同时每个大房间也都试图找到自己独立存在的可能，无论是做礼拜、阅读还是进餐，都拥有自己的特性甚至某种中心性，又不至于影响别的大房间，彼此共同形成一个多变的中心。这个设计体现出了路易斯·康对空间问题的持续探索：从"建立房间"开始，直至"房间的社会"。其中展现出对房间和组织结构的多重理解：它究竟是唯一的、有层级的，还是多重的、均质的？是重复的，还是各有特质的？以上所有的问题都汇聚在这里，这正是设计创造的核心。事实上，这是一个设计提案，考量容纳人的各种活动，包括私密的和公共的，世俗的和非世俗的，构成了一所处于现代社会的传统修道院的全部生活；但这一切还未能成为现实，是路易斯·康反复修改的设计构想，也是他未能实现的诸多伟大构想的一例。

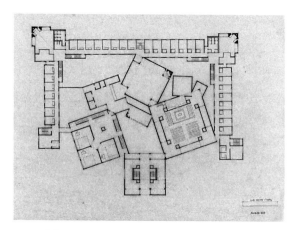

图1-6　路易斯·康：多米尼克修道院方案

1.3　再造人类生存环境

如果说康的设计反映了房间和位置关系的相互斗争和平衡；也反映了基于现实需求，又不断重构现实的努力。那么，对于空间设计而言，面临的正是一个不断认知、思考并重构人类生存环境的过程。事实上，无论作为人类活动的母体，还是作为人类活动创造的产物，设计本身同时反映并连接了这两方面，它需要不断在现实活动和意识架构之间进行工作，这正是人类创造性活动的一种凝练——也正是这样的活动和工作，无论有意识的，抑或无意识的，造就了我们自身及建筑空间存在的本质。这一点将在最后一讲中再次回应。在此，不妨先展示来自于其他角度的两个案例，在建筑设计之外，提示我们思考关于重构人类生存环境的问题。

图1-7是在西班牙旅行途中拍下的照片展现了一座原生的乡野住房和不远处的废墟：一边是正在生活和使用的建筑，一边则是它的过去（或未来）。建筑在这里回归到它最朴素的状态——我们可以理解到房屋是怎么从地里生长出来，最后怎么消失在大

图 1-7　西班牙旅途中拍摄的住宅与废墟

地之中。它既是这样一个承载人类活动的母体，同时又是人类活动所创造的产物。

废墟特别有意义的另一点是：因为部分建筑结构的残破和裸露，使得我们不仅一下子能看到内部的多个房间，同时也看到了房间之间的结构关系——这在一般情况下很难被同时看到，废墟使这二者同时呈现。它消解掉一部分"容器"的封闭感，使得原本隐藏的基本要素和结构重现天日，并且揭示出它跟更大的环境，即与"大地"之间的永恒关联。

与上述原生场景相对照的,则是俄罗斯导演塔可夫斯基(Andrei Tarkovsky)《乡愁》(Nostalghia) 片末的合成场景（图 1-8）。影片用所谓"乡愁"表现了来自俄罗斯的主人公在意大利的苦苦寻觅：异乡是置身其中的现实，恍若徜徉于废墟；故乡生活过的小木屋已无法再回。多亏电影镜头，梦幻般地合成了这样的场景：在意大利大教堂废墟里重置的俄罗斯乡村小屋。主人公和他的狗，歇息在废墟敞开的巨大结构中，同时又回到了俄罗斯乡村小屋前，共同凝视着自身及大教堂结构映射在故乡池塘中的倒影：现实和想象、此处和彼处、纪念性和家居性、包

图 1-8　塔可夫斯基：《乡愁》片末场景：大教堂废墟中的乡村小屋

容性和架构性等等因素最终叠合在一起，完美重构了其所追寻的空间环境。

今天，我们面临的全球环境和多元境遇，正在重新激发更多有意识的思考和行动。反观人类建成环境的历史和现状，空间是承载人类活动的母体，同时又是人类活动创造的对象。无论哪一种理解，有一点是重要的：它需要被不断地重新认识和再造，在两者之间反复穿行和重构，从最普通的生活直至最宏大的构想——这也正是人类创造活动永恒的际遇与使命。

44444444444444

注释

[1] 在一般古典建筑的认知中，日常活动仅仅用来满足人类生存所必需的实用性目的，这类房屋不构成审美的对象，故而不在其视野之内，只有超越实用的纪念性建筑才可能成为经典建筑学的典范。而现代建筑则不再相信超越于实用之上的神性或权威，转而将面向大众实用本身，并试图结合现代技术的进步和现代艺术的发展，将其转化为一种新的目标和审美。本章接下来的一些案例和讨论，包括普通房屋转化为废墟之美，有助于理解这一背景，进而回归基本的空间使用与人类创造活动本身——作者注。

[2] 帕拉第奥设计的这个剧场的舞台（在观众厅对面，本书图中未能显示），利用了透视原理，巧妙地利用了有限的舞台布景深度，将其与现实空间的透视角度相融合，造成深远的景深效果，融合了现实与虚拟空间。

[3] Gottfried Semper. The Four Elements of Architecture and Other Writings[M]. Trans. Harry Francis Mallgrave，Wolfgang Herrmann. Cambridge：Cambridge University Press，1989：101–110.

[4]Adrian Forty. Words and Buildings：A Vocabulary of Modern Architecture[M]. New York：Thames & Hudson，2000：260.

[5] 路易斯·康有关"房间的建立"，详见本书第二讲第一节。

[6] 有关"房间的社会"，香山寿夫在其所著的《建筑意匠十二讲》，其中第三讲"关于房间的集合—围合和共同体"开篇即援引了其老师路易斯·康的说法"建筑就是房间的社会。"（Architecture is a Society of Room.）参见：香山寿夫.建筑意匠十二讲 [M].宁晶，译.北京：中国建筑工业出版社，2006：42.

[7] 这一段讨论内容最初来自于作者在东南大学建筑系的试讲记录，以当时所处的中大院西三楼研讨室为例，但其基本内容也适用于更普遍的理解。

[8] 伊利尔·沙里宁.形式的探索：一条处理艺术问题的基本途径 [M].顾启源，译.北京：中国建筑工业出版社，1989：246.

[9] 关于酒瓶架的概念，柯布西耶曾言道："……它同样可以被安置在一座钢筋混凝土骨架的建筑中间。明确了'酒瓶'和'酒瓶架'的原理，就不难理解这一名称的所指：马赛公寓的居住单位应用的正是这一原理。有一天'酒瓶'将依分解构件的形式完全在工厂预制，然后再运到工地现场安装（就在建筑师脚下），通过有效的吊装方式，可以将它们逐一安放在骨架中。"参见：W·博奥席耶编著.勒·柯布西耶全集.第 5 卷 [M].牛燕芳，程超，译.北京：中国建筑工业出版社，2005：176.

第二讲
房间：作为容器的空间

2.1 房间的建立

2.1.1 康：房间的建立——围合、中心与开口

上一讲谈到什么是空间，或者说，我们在谈论空间时，它到底指什么？最朴素的一个理解就是房间，这是几乎是所有人，也包括大多数建筑师，对空间最直接的理解。

对此，路易斯·康明确指出：建筑始于"房间的建立"（Making of a Room）；并进而说明：设计（Plan）也就是组织"房间的社会"（A Society of Rooms），以供学习、工作和生活（图 2-1）。这段话，连同接下来的注解，阐明空间容纳人，并提供基本使用和活动场所；但又不止于人的使用活动，还是一个"精神之所在"（A Place of Mind）——因为你在不同的房间，可能会有不同的状态，继而说出不同的话来。[1] 在康的图解中，可以看到，他所构想的这个房间非常高，具有某种垂直性；这个空间既有亲近人的尺度，

图 2-1　路易斯·康关于房间的图解

如窗口的座位；又有被拔高的部分，并呈现出某种中心感。相比之下，我们今天所使用的大多数火柴盒似的房间就显得比较普通，尽管它们也可能具有一定的围合感。

路易斯·康的这个图解，可以被看作是一个房间原型：有屋穹、边界，尽端有火炉，定义了一个完整围合的稳定的房间；但也还不只是如此，它同时还对着自然景色开窗，并引入光线。

对此，康的学生，日本东京大学的香山寿夫，在《建筑意匠十二讲》中，采用了一个平面的图解，再次解释了什么是房间（图 2-2）。这里可以看到：房间并不只是由它自身所定义，而具有一种三重结构。也就是说，这个空间之所以成其为一个房间，首先是"我"在这里面，其次才是墙体围合，同时外面还有个世界——由此，这个房间才具有意义；缺少其中任何一重结构，房间都不成其为房间。这

019

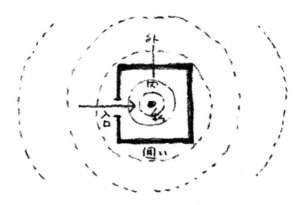

图 2-2　香山寿夫：房间的原型

个例子也再次说明了，人不能进入其中的"黑房间"不是建筑空间。

因此，房间需要有开口。香山寿夫的书中有好几章专门讨论了窗和入口。确实，在完成了基本的围合之后，开口对房间的理解也非常重要：一旦有了出入口或其他形式的开口，就会重新定义房间。它揭示这个房间不仅仅是对内的空间限定，还有内外之间的互动；而一旦产生互动，就可能在某种程度上向外延伸、突破房间的包裹；也就是说，既要往内又要往外，既要围合又要突破——甚至因为这种突破而更加显示出围合的意义。这样的争斗会永远存在下去，除非我们认为空间里的所有事物都是"死"的、固定不动的。

对此，当代美国学者道格拉斯·格拉夫（Dougls Graf）的图解分析（Diagrams），展示了空间单元的基本要素和类型（图 2-3）。这个图解定义了空间单元的两个基本要素：边界和中心。不同于香山寿夫的图解——边界和中心是一致的，共同实现对内包围；格拉夫的图解揭示了另一种双重性关系——尽管还没有论及入口，但边界的对内包围，与中心的对外突破已经在不断地相互作用，两者可能相互一致，也可能相互争斗，由此生成一系列的变化：如果着重于边界围合，就会向内收缩、塌陷；反之如果着重

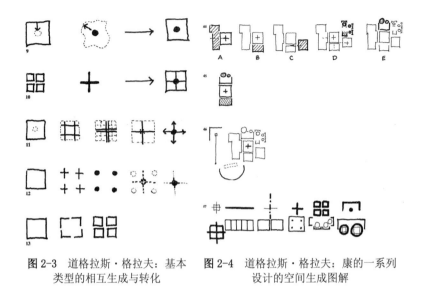

图 2-3　道格拉斯·格拉夫：基本
　　　　类型的相互生成与转化

图 2-4　道格拉斯·格拉夫：康的一系列
　　　　设计的空间生成图解

于中心发散，就可能就会向外延伸，突破边界，产生轴线放射。这两种基本要素，暗含了两种动力，一种外延，一种内聚，由此促成空间不断地生成和转化。据此，格拉夫也以路易斯·康的一系列设计为例，探讨了其内在的空间生成机制（图 2-4）。[2]

2.1.2　森佩尔：四要素与空间围合

路易斯·康的图解也反映了一个非常经典的对建筑空间的理解：首先是要建立一个完整的空间，容纳人的活动，并且具有某种意义。事实上，康同时承接了现代和经典建筑学的脉络。而在现代主义之初，空间问题在建筑学中的明确提出，则可以追溯到过森佩尔对建筑的基本要素的分析（图 2-5）。这一分析中，森佩尔援引了加勒比海地区的原始茅屋（其中有些做法跟中国南方乃至东南亚地区的做法也有相似），归纳出建筑的四个基本要素，它们分别联结着建筑的四个基本动机和目的，并指出每种要素与

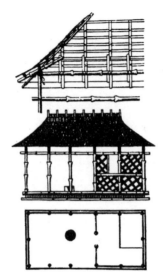

图2-5 森佩尔：加勒比原始茅屋

特定物质材料和建造技艺的关联。正是在这里，森佩尔明确指出墙体这一基本要素与编制术的关联，而其根本目的则是围合（而非支撑屋顶）——即得到空间（"Raum"，在德语中也指"房间"）。[3]

当然，今天看来，在更广泛的意义上，森佩尔的四要素都和空间有关：从基本的材料出发，陶艺、砌筑、木工和编织，分别形成火炉、台基、屋顶、墙体，并各自完成了汇聚、抬升、遮蔽、围合这四大目的和动机。而对于我们所说的房间一样的空间而言，最直接的理解就是围合，也正是在这个意义上，森佩尔最早提出了建筑学中的空间问题。

2.1.3　路斯：容积设计

作为森佩尔的学生，阿道夫·路斯（Adolf Loos）发展了围合和空间的概念，并直截了当地指出，建筑的目的就是提供"一个温暖舒适的空间"。在这样的理解下，房间的界面是为了空间而存

图 2-6 路斯：米勒宅

在的，所以界面背后的结构不那么重要——至少对于人的具体感知而言。因为房间是给人用的，其建造的目的是提供空间将人包裹起来，所以材料和结构怎么交接实应另当别论，并不需要呈现出来；而界面的装饰则应符合空间围合的目的，即所谓"饰面的律令"。[4] 因此，我们可以理解，图片中漂亮的大理石纹理不是为了展现坚实的结构，而仅仅是作为包裹空间界面的表面材质（图 2-6）。

以此为基础，路斯的住宅设计中需要组织大大小小不同特质的空间，结构因素一般隐藏其后，而着重表现可被人感知的、并且处处不同的空间特质，进而相互关联而成为一个紧凑的整体——这就是所谓"容积设计"（Raumplan）。对于路斯而言，房间被理解为"温暖舒适的家"，似乎完全是为了人的生活和使用的舒适性；相较于康所提出的房间还是个"精神场所"，这应该如何理解呢？由此引出下一个问题：什么是好的房间？或者说，有没有房间的典范或标准？

2.2 典范或标准——什么是好的房间？

如果房间是对于空间的一种最为普遍的理解，那么，我们应该如何设计房间呢？有没有统一的评价标准或参照典范？

2.2.1 典范：万神庙

对于经典建筑学而言，确有清晰的典范和与之相关的一套设计方法。以学院派为例，建筑的学习最终被总结为一系列要素及其组合：首先得掌握各类基本要素：柱子、墙体、地面、台阶等，了解其基本问题和相关比例尺度；进而了解这些要素怎么组成不同性质和功能的房间（在这里，房间也被称为另一种"构图要素"）；而这些房间和门厅、走廊一起，又怎么依据轴线组织的原则构成整栋建筑——这就是整个学院派的构图组合逻辑。

回到怎么设计房间这个问题，除了功能之外，还有没有别的定义？康已经给出了某种典范，这个典范可以一直追溯到罗马万神庙（图2-7）。现代建筑理论家希格弗莱德·吉迪恩（Sigfried

图2-7 万神庙

Giedion）在回溯人类建筑空间的发展历程时，正是以万神庙为例，阐明这是人类历史上第一次具有了被包裹的内部空间的概念（Concept）。[5] 这里所说的空间概念，区别于动物的巢穴，不只为了实用，而是有意识的精神性创造：在这样一种宏大的、超越了日常尺度的体量内，表达出内部空间的概念，成为经典建筑学的典范。这是具有某种纪念性的空间——和路斯的说法不同，不完全是为了人的舒适。在这里：围合当然重要，但不只是围合，更不只是对人的身体的包裹；还表达了垂直性和中心性；并通过空间乃至物质结构本身的巨大尺度，表达了崇高感。置身其中，人们脱离了日常世界，进入神的空间——万神庙。

对空间的这种理解，从古罗马的万神庙到文艺复兴时期的圆厅别墅（图 3-2），直至前述康的图解，是一脉相承的。

可以看到它们在空间形式上的关联——尽管其空间体量越来越小，逐渐接近但依然超越人的尺度；其内部的服务对象也从神灵到贵族，再到一般意义上的人。在康的图解里，穹顶之下有壁炉和窗，一边面向普通人的生活，一边依旧保留某种超越日常之上的状态。总之，这一典范塑造了一种有尊严的理想空间——穹顶似乎是表达这一理想的完美形式，兼具垂直性和中心感，这也与今天大多数的多层平屋顶建筑形成鲜明对照。

2.2.2 标准：多米诺体系和雪铁龙住宅

柯布西耶的多米诺体系恰恰是基于这样一种重复性的平层楼面的叠加组合，与万神庙不同，提出了另一种空间原型或标准。多米诺体系里的层高只有两米多，是人伸开手臂就可以够到的高度（柯布西耶根据自己的身体臂展将其最终确定为 2.26 米）。[6] 这里面体现出一种水平性和简约性，无需任何多余的、超出人类活动所需的空间——那是一种浪费甚至犯罪。

由此，柯布的多米诺体系可以看作是一个标准。这个标准不追求宏伟和奢华，而力求简洁、去除冗余。这里面的空间似乎没有什么特性，也可以说是中性的；如果一定要说有什么特性的话，则是一种水平性和匀质性，而非万神庙那种垂直性和中心性。当然，"多米诺"体系还不能完全被看作为一个房间，但它是建造和围合房间的基础，并可以是一系列房间群的组合（图2-8）。

有人会把它简化为功能主义，其实并不止于此：在精简的形体和构件之外，其所隐含的信念是充分相信和发挥人的活动的自由，由此创造新的可能，而非求诸任何超越于人之上的力量——这是价值观念的转变，也是现代主义的思想基础。

与多米诺有关的，是柯布提出的另外一种基本原型：雪铁龙住宅——意指像生产汽车一样去生产住宅（图2-9）。和多米诺体系一样，雪铁龙住宅也具有标准化特征（包括平屋顶、平行的承重墙结构等）。它从外表看是一个完整的体量，内部又套了一个夹层，发展出房间套房间的双层空间模式，探讨针对现代家庭的基本生活原型。由此，多米诺和雪铁龙问题有一系列的发展，并形成了柯布所总结的"构图四则"（图2-10）和"别墅公寓"（图2-11）。

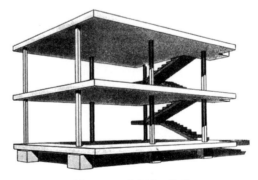

图2-8　"多米诺"体系

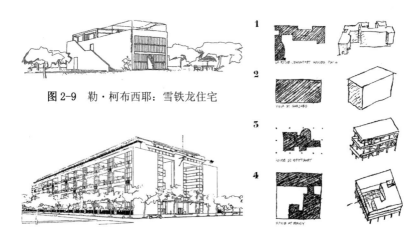

图 2-9　勒·柯布西耶：雪铁龙住宅

图 2-11　勒·柯布西耶："别墅公寓"

图 2-10　勒·柯布西耶：
"构图四则"

"构图四则"的后三个例子都可以视为在多米诺体系之上的发展，在外部简洁的体型下，内部容纳了多彩的、自由的生活——也就是自由平面。它与万神庙不同，后者的内部空间更强调中心性、确定性或者说是规定性——人在其中会不自觉地规范乃至提升自己的行为及心灵。而多米诺和雪铁龙精简的体量内部，则更多为人的自由发展和创造留下了空间。

有关自由平面，路斯旨在为人而设的"温暖舒适的空间"，可视为对这一问题的另一种回应。在路斯这里，各类房间就是要满足人们大大小小的不一样的需求，并且每处都不雷同。反观多米诺结构，尽管体现了匀质性，但这个中性的框架恰恰也是为了容纳不同的行为，最终使每处都形成不同的空间特质，而绝非简单的平均主义。这一点与路斯的目标是一致的，所不同的是结构上的开放性和表现性。

对于柯布西耶而言，房屋首先是一个"居住的机器"，这意味着需要把其中多余的水分都挤掉，留下来的空间则充分用来满足和展现人的生活、活动乃至于创造——而在这一点上，住宅又应当成为一座宫殿！[7] 或者说，要以普通住宅的方式重新回应万神庙和圆厅别墅的问题，尽管其形式和内容均呈现出了另一种状态。

2.2.3　典范与标准：价值观的判断

如果把万神庙和多米诺体系放在一起讨论，我们已经看到了它们之间的巨大差异。那么，究竟什么是一个好的房间呢？是追随古典还是现代？听从路易斯·康抑或柯布西耶？最关键的是——如何获得我们自己的判断？

首先，如果说房间是一个基本问题，这个基本问题里面有中心、也有边界。万神庙这样的空间看上去更强调中心性以及与此相关的垂直性、确定性等问题；而多米诺体系以及很多现代主义建筑，则可以说更强调边界以及与此相关的水平性、匀质性、开放性等问题——多米诺图解中悬挑的边界、退进的结构柱即暗含了这一意图（水平延伸、自由立面／边界等）。水平性跟人的自由活动和探索相关——人在水平方向上的活动是自由的；而在垂直方向上则是受限制的——所以一旦要"立"起来，就要不断努力去克服重力，抵抗沉重的负担，从而便具有了某种纪念性，如同站得笔挺而不知不觉"有模有样"的人。

另一方面，无论是万神庙还是多米诺，都具有很强的几何性。关于这一问题，可以一直追溯到古埃及金字塔；较近的一条线索则来自于法国的理性主义，诸如布雷（Etienne-Louis Boullée）设想的牛顿纪念堂（图 2-12）。在这方面，柯布西耶和布雷是一脉相承的，有着类似的对几何体量的钟爱："建筑是一些搭配起来的体块在光线下辉煌、正确和聪明的表演"（图 2-13）。但如果仔细分析，则可以发现，万神庙和布雷的球体被用来呈现艺术化的美，而多米诺的立方体则不只是为了呈现某种美，还在于其简洁性和精确性有利于功能使用和工业生产。

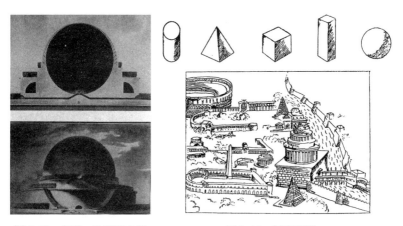

图 2-12 布雷：牛顿纪念堂

图 2-13 柯布西耶：
"塑性"艺术的基本要素

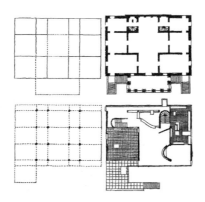

图 2-14 柯林·罗：《理想别墅的数学》

即使同样是立方体，也仍然可以看到，在古典和现代之间有一条内在的线索，有连续、也有差异。对此，柯林·罗（Colin Rowe）对柯布西耶与帕拉蒂奥的别墅平面做了比较分析，揭示了文艺复兴和现代主义建筑中不变的几何比例以及内在的空间节奏，同时也阐明了二者在对待中心和边界问题上的差异（图 2-14）。[8]

　　这一形式主义的方法来自于现代主义的一个重要线索——几何的背后是人类的理性或智性，依赖这一点，人类得以超越自身的平凡，甚至质疑上帝和世俗的权力，这也成为现代主义的另一个坚实信仰。与此相关的则是对建筑内在逻辑和基本要素的探求，并再次回到比例、中心和边界等基本问题——尽管这些问题未必都是几何性的，也可以是更广泛的拓扑关系和空间类型，如同上文格拉夫的图解所示（图2-3）。

　　如果说形式分析反映了建筑空间自身所具有的一定的独立性，并且这种独立性会有不同的发展方向和可能，从而导致不同的理解和观念；那么，对于万神庙和多米诺体系这两个基本原型，要进一步理解它们的区别，进而理解这些区别背后不同的时代背景和思想观念，在单纯的形式主义分析之外，还需要回归现实需求进行价值判断。建筑空间确有内在的形式结构，但它最重要的还是跟人的基本的生活和生存状态有关，它是人类创造的产物，这构成了它实用和审美价值的双重基础。对此，本书的讨论会回归具体的空间使用和认知，以在抽象观念和具体问题之间展开关联性的思考，进而明确并反思我们今天所处的状况，最终形成自身的判断。

注释

[1] 参见：约翰·罗贝尔. 静谧与光明：路易斯·康的建筑精神 [M]. 成寒，译.
北京：清华大学出版社，2010：42.

[2] Douglas Graf，Diagrams[J]. Perspecta 22（1986），42–71.

[3] Gottfried Semper. The Four Elements of Architecture and Other Writings[M].
trans. Harry Francis Mallgrave and Wolfgang Herrmann[M]. New York：
Cambridge University Press，1989：101–110.

[4] Loos Adolf. The Principle of Cladding[M] // Adolf Loos. On Architecture，
Studies in Austrian Literature，Culture & Thought. Trans by Micheal Mitchell.
Vienna：Ariadne Press，2002：42–47.

[5] Sigfried Giedion. Space，Time and Architecture[M]. Cambridge，Mass.：
Harvard University Press，fifth edition，1967：Iv–Ivi .

[6] 多米诺体系参见：W·博奥席耶. 勒·柯布西耶全集. 第 1 卷 [M]. 牛燕芳，
程超，译. 北京：中国建筑工业出版社，2005：18. 模度人的臂展高度 2.26m
参见：W·博奥席耶. 勒·柯布西耶全集. 第 4 卷 [M]. 牛燕芳，程超，译. 北京：
中国建筑工业出版社，2005：164.

[7] W·博奥席耶. 勒·柯布西耶全集 [M]. 第 1 卷 . 牛燕芳，程超，译. 北京：
中国建筑工业出版社，2005：58.

[8] Colin Rowe. The Mathematics of the Ideal Villa and Other Essays[M].
Cambridge，Massachusetts：the MIT Press，1976.：1–17. 在该文末，柯林·罗
直接言明这一一的形式主义的分析方法源自于沃尔夫林（Heinrich Wolfflin）的
影响，让并置的图像图形互相比较和显现——本书也仍在使用这一方法讨论
和表达空间。

第三讲
房间与使用

上一讲谈到房间，以及将房间作为一个容器来理解，进而追溯这种理解的源头，重新思考"房间究竟是什么？"及"如何定义房间？"，从中可以看到有不同的典范或标准。那么怎么去理解这种差异？除了空间形式自身的抽象分析之外，还需要回到现实中来看——也就是房间与使用。

探讨房间与使用，最核心的问题是回到"人"——即房间与人的活动、体验，乃至意识的关联，由此来理解不同空间原型或标准背后的价值导向。对此，之前第一讲就谈到空间是人类存在和生活的载体，同时又是这种存在和生活所创造出来的产物。在路易斯·康的房间图解里也有人：主人和客人，可以看到人和房间的关联，并进一步提出了房间对人的影响——是"精神之所在"（图2-1）。确实如此，如果房间是人为自己所建，无论有意或无意，自然都在某种程度上包含或反映了人的意识。比如万神庙，就是包含某种观念的，有意识创造的空间。与此相对，也有大量的日常性使用的房间，似乎不是那么有意识的创造，但也容纳了人的活动——或者说，留下了人类活动的印迹。

3.1　不止于实用的空间

3.1.1　万神庙：神、拔高的人

我们今天谈到人，一般就会谈到使用、体验、感知、活动等。那么建造万神庙是为了人吗？这一追问让我们重新去理解人——是仅仅为了实用吗？显然，万神庙这么高大宏伟的空间不只是为了容纳人类的行为活动，它塑造了一个超越于实用的内部空间——一个像房间一样的空间原型（图 1-6）。这个空间原型不止于实用，是人有意识的精神性创造。应该说，人类自古以来就建造各类实用性的居所或房间，但它们还未上升为某种空间概念，也未成为被清晰表达出来的空间原型或者典范。

从这一点看，万神庙这样一个典范，如吉迪恩所言，标识了人类最早有意识创造的内部空间概念。显而易见的，它是对人自身的一种拔高，是一种纪念性空间，超越于实用，由此才将某种空间概念给呈现出来——这也是康德对于美的基本理解。[1]尽管万神庙的建造也得要考虑材料结构等实际问题，但这个空间原型显然不只是为了表现任何实际或实用价值；相反，它是为了"神"建造的，或者说，是某种拔高的"人"（古罗马的神也往往带有某种人类的性情）；由此，人也重新定义了自己，不只是一个蝇营狗苟的卑微的存在。所以，万神庙是一个殿堂，通过它把人上升到神的高度，或者说，表达了映射在人性之上的某种神性光辉。

3.1.2 《雅典学园》与圆厅别墅：文明人、有尊严的人

文艺复兴时期，重新回溯和认识所谓希腊罗马的传统，也就是去重新理解人——文明的、有思想、有意识的人，而非野蛮人或奴隶，仅仅屈从于自然或权威之力。

拉斐尔（Raffaello Sanzio）的《雅典学园》这幅画，将古希腊的先哲们安放在这么一个空间里，跟万神庙有点相似，显然也具有某种崇高性——高于一般的实用性存在（图3-1）。所不同的是，这里安放的不再是超越于人类的神，而是活生生的古代先贤，一群从古希腊走来的思想家和哲学家，他们正在讲演、辩论或沉思——显然这不是普通人，而是人类中最崇高的精神和智慧，代表了不同的思想和学派，一直延续至今。

有人将拉斐尔这幅画作与同处文艺复兴时期的圆厅别墅（图3-2，图3-4）作过比较，论及圆厅别墅的空间结构，几乎与这幅画作一样，同样是一种理想的空间原型。[2] 这一空间原型部分来自于万神庙，又加入了新的组合。确实，拉斐尔《雅典学园》里呈现的空间很像圆厅别墅，但它比圆厅别墅要更为宏大。显然，圆厅别墅不再是为神而建，也非帝王或先哲，而是为了贵族——有身份、有尊严的人。这是文艺复兴对人的重新理解——高尚的、文明的，

图 3-1　拉斐尔：《雅典学园》　　图 3-2　帕拉第奥：圆厅别墅

或者说觉醒的人。由此，圆厅别墅的空间不是那么宏大，但它的主要空间（首层和中央圆厅），也显然超过了一般实用所需的人体尺度。

上述讨论主要关注对人的理解，尽管还没有谈到太多实用问题，但并非没有实用，而是相对而言，这些空间更关注诸如垂直性、中心性、对称性等整体空间特性——在圆厅别墅的平面中可以看到很多房间，但不同于今天我们所熟悉具有特定用途的功能房间，这些房间并没有确定的功能用途，它们彼此串联在一起的，环绕着中心并相互形成轴线对位关系（图3-4）。

3.1.3　院宅：家族传承和象征

比照今天我们所熟悉的有特定功能用途的房间，另一个案例则是中国的传统院宅（图8-7、图8-9）。在院宅里，同样可以看到，大多房间并没有特定的功能名称，而是根据其在整体空间中的位置来命名，比如位于轴线上的正厅，边上的侧厅或厢房等；抑或再进一步，具体位置是在第几跨第几进等。

院宅里的房间没有明确的功能，并非是说它不考虑人的活动，譬如正厅这样的空间显然也有与之相符的礼仪性活动。同样，圆厅别墅也会暗示一些活动内容：一般而言，越往里走可能越私密，正中心对着四面门廊的圆厅相当于公共厅堂，四边则可安放卧室等。这里存在着使用方式的区分，只是没有规定具体的使用内容，因此类似的活动和人物是可以灵活互换的。当然，如果仅仅是为了功能和实用，并不能理解圆厅别墅这样一种中心对称式的空间。如前所述，圆厅别墅更注重表达人的理性和尊严；那么，院宅是不是也有同样的问题呢？

如此看来，院宅也不只是为了实用。前面我们说到院宅是一个承载人类生活的载体，在此之外，它也不只承载日常生活，院宅中也有像剧院那样的超越日常的空间。上文图中的场景既是某

图 3-3　南京愚园铭泽堂

种普通的日常场景，也表达了一种更为久远、稳定的空间类型和生活方式，不只是某个人，甚至也不只是某一代人，它会更长久地存在下去，象征着家庭乃至家族的凝聚和传承（图 1-1）。尤其是位于中轴线上的主要厅堂，对于家族传承的关注远胜于特定个体的关照，这是院宅空间结构的特点。诚然，在这样的特点背后，也会呈现另一方面的问题，比如在一定程度上造成对个体及个性的忽视乃至于压抑——这种压抑也可以通过其他方法得到舒缓，诸如宅旁另设自由布局的庭园；或者，通过家具陈设乃至书画题铭等，表达和抒发个人情怀（图 3-3）。[3]

3.2　有明确用途的房间

3.2.1　房间与走廊：功能分化与私人空间

房间明确分化出特定功能，这件事情，英国学者罗宾·埃文斯（Robin Evans）在关于"通道"的文章中进行了详细阐述，由此揭示"日常生活中隐含的玄机"。[4] 在西方,由走廊或通道连接具有特定功能用途的各类房间,这一布局方式是17世纪之后才开始普及的。反观中国,除了传统院宅之外,直到今天,我们乡村中大量的房屋也依然不关注特定功能,只是提供诸如"三间房"这样的基本模式,交由家人去统合安排和使用。

　　17世纪的英国乡村住宅中,出现不同房间功能的配置,每个房间都有自己的名称——也就是有自己特定的服务对象,并通过走道把房间分开,以免互相穿套,其平面布置和文艺复兴时期已有了明显的不同(图3-4、图3-5)。这一布局方式和对私密性的理解有关,之前家庭成员更多地串联在一起;至此出现了私人专属,并区分了男女人物。当然图中走道(还有小楼梯)的一个重要功能首先是为了区分仆人和主人,使得他们有一个分隔,避免相互干扰。总之,这一分化反映了当时英国率先发展起来的一种生活方式,它容

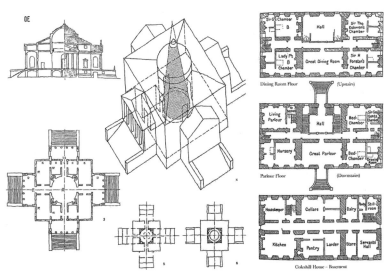

图3-4　圆厅别墅平面、剖面及轴测分析　　　　图3-5　17世纪的英国乡村住宅平面

纳并区分了众多不同的人物和活动，形成了非常丰富多彩的各式各样的房间：比如有给男士专用的房间；还有一些房间则供女士、太太们交谈，以避免男士们在此吞云吐雾。今天，中国大多数的房屋也都参照了走道加房间的模式，已远远不同于传统院宅，可见其影响。作为对照，如果我们重新看待院宅的问题，尤其是前面提到的个人与家庭的关系——走道也许是解决这一问题的一种便利方式，但它也可能造成过度了的个人化，甚至是空间的浪费。在埃文斯看来，这是一种转变，是对身体的控制，展现了从身体到视觉的转变。[5]

之前提到路斯的"容积设计"，其背后也有同样的问题：即每个房间都要具有自己的特性，彼此不同，并且不止于平面，还有剖面上的高低变化。对此，路斯重新发展了英国乡村住宅里丰富多彩的生活内容，每个房间都处处不同，以对应不同的人和事；但又把它们压缩在一个简洁紧凑的形体之中，以求得更高的空间效率，并且不只依赖走道来区分和联系房间，由此在简洁形体下整合了丰富的内部空间，这就是路斯的问题及其解答。与此相应，柯布的自由平面，也是要创造和发展不同的功能（房间），并且压缩在一个紧凑的形体里——这个形体还可以继续拼装组合，而非随意伸展。由此，基于一个标准化的单元，去实现多样性的变化，这是柯布始终探寻的主题——尽管他早期也做过所谓"加法式的、如画的"设计，但用紧凑的形体去承载丰富的内部生活，利用工业化的标准单元去应对城市居住的紧凑现状，这才是现代主义的根本问题；而不像赖特在北美新大陆发展出的"草原住宅"，可以自由伸展，拥抱广阔的土地，展现出另一种与城市化相对抗的图景。

3.2.2 专门化的功能性房间：比拟于机器

事实上，现代主义的一个特点就是对空间使用的分工越来越细，由此导向了功能主义。因为现代社会的一大问题似乎就是新的建筑功能类型越来越多，不同功能的房间以及房间的组合越来越复杂，并且发展出很多有专门性的服务设施。

从纯粹功能主义的角度出发，这些新发展起来的设施要最大化追求空间的建造便利和使用效率，这类需求部分导向了前文提出的另一个原型——标准单元，以及所谓"最小化空间"乃至"通用空间"等，并同时引出了人体工程学的问题（图3-6）。但无论如何，建筑与人体工程学的结合也比不上飞机和汽车，柯布就曾号召向飞机和汽车学习，其背后的参照原型就是机器。如果说万神庙的概念是神性，到了这里，则导向另一种纯粹的功能原型——机器，这也是工业社会的一种信念，这种信念背后是某种理性，是整个现代社会的基础，不再依赖于神仙皇帝，而是反观并求诸于自身。

另一方面，这种理解同时也会倾向于将人和事进行越来越细致精确的分类，以追求更高的效率，这似乎是某种进步，但也产生了新的问题，我们可以在卓别林（Charlie Chaplin）的电影《摩登时代》里看到对这种极致状态的抵抗和反思，其实质在于，该如何重新理解人与空间？

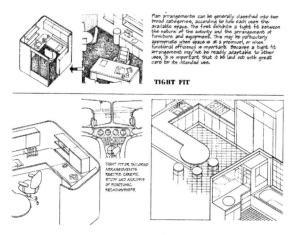

图3-6　最小化空间与人体工程学

回到现代主义的空间单元，其真正的含义在于：既要紧凑、可复制；又要灵活、能变化。这也就是柯布所说的，住宅既是机器，也要成为一个宫殿！[6] 两者结合起来才是完整的理解；否则，很容易将其简化成火柴盒式的复制叠加，这是现代主义的一个挑战和危机。同样，对通用空间的理解也是如此：它不只是为了平均主义，更是为了进一步展开人的自由和创造。

3.3　重新理解房间与使用功能

3.3.1　空间与功能的规定性与灵活性

由此，在现代主义之后，需要对功能，尤其是简化的功能主义，有一个重新理解。结构主义就是这样一个重要代表：他们提出一种更为开放，并适度放松的态度——不用把所有的事情全部规定好，有些部分确实应该像机器一样精确，以获得更高效率；另外一些部分则可适当放松，以提供更多的可能性。对此，结构主义的解决方案是区分固定的和可变的部分：将建筑的物质结构和基础设施确定下来，以提供更为长久的支撑；另外一些部分则可"留出空间"而不去过度设计，以提供更大的弹性和灵活性，也让人有更多选择和发挥的自由（图3-7）。也就是说，建筑设计不仅要思考"该做哪些？如何做？"；还要思考"不该做哪些？如何留白？"。由此也帮助我们重新理解房间的原型与标准。

结构主义的讨论涉及功能和形式之间的规定性与灵活性问题。功能主义的一个重要渊源就是生物学，即生物进化的"用进废退"原则，体现了功能与形态的基本关联。如果进一步考察会发现，生物形态与功能的关联关系也有不同程度的强弱之分，其基

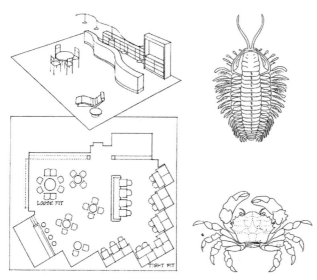

图 3-7　功能的规定性与灵活性　　图 3-8　生物形态的分化

本逻辑是：如果功能要求特别清晰、明确，也就是其作用力非常强，相对应的形态差异和特征也会特别清晰和明确；否则，则没有清晰的形态分化和特征。如图所示两种生物肢体，一种是古生物的多肢或触角，非常柔软且柔弱，对应的是一种未经分化的形态。与此对照，螃蟹的八爪则发展出非常明确的分段，每段都有自身的功能：用来抓取食物的末端比较锋利和尖锐，上段则用来连接身体，而中段方便转动——每个部分都具有自身的特定功能，因而也有着明确分段化的形态特征（图 3-8）。这两种不同的状态，分别对应着弱作用与强作用——即功能分化明确，作用力强，就会产生强形式；反之，则是所谓的弱形式。[7]

对于结构主义而言，总的策略可表述为：结构性的部分要清楚并仔细设计推敲；另外的部分则要留出来，可以灵活使用、加建乃至生长（图 3-9）。留出的这部分空间也给人的创造性使用和发挥留下了余地。

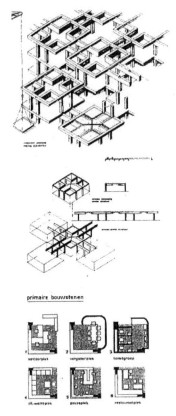

图 3-9　赫兹伯格：比希尔大楼的结构与空间单元

3.3.2　面向创造性的活动

谈到创造性的使用和活动，还是要回到怎么理解人，进而发挥人的潜力。以当代日本建筑师伊东丰雄设计的多摩美术大学图书馆为例（图 3-10）：这里有一个统一的结构体系，但这个结构体系不再是一个无表情的、中性的、均质的框架，而是经过变形之后产生了差异——这里不乏形式操作的痕迹，引入了外部环境因素对拱券系统进行了变形，形成既统一的又包含了差异性的结

图 3-10 伊东丰雄：多摩美术大学图书馆

构。这个结构的特别之处还在于拱券本身所具有的场所感——不同于横平竖直的框架，拱券具有一定的垂直性和向心性，但其超高并由此显得略为轻薄的尺度（局部加了夹层）又一定程度上减弱了这种中心性和定位感，使其在图书馆上空不间断地彼此交叉和延伸，展现了连续流动的空间架构。处在这样的整体结构中，既可以感受到处处不同的特质，又可感受到各处共处于一个大的空间架构之下。这个拱券系统似乎限定了一半的空间，同时又开放了另一半——而对于这另一半，在高耸的拱券之下，由各类书架和家具完成了另一种亲密尺度的限定，这一限定直指人的身体和使用，其布置方式也无一处雷同，表现出更大的自由度。与此对照，传统图书馆则尽量协调柱网与家具尺度，以便统一布置行列式书架，形成紧凑高效的空间模块。

也许因为是美术大学，这样的结构和家具布置造成不同的感受，引导人在其中感受和寻找各处不同的空间特质，但又没有被完全分隔开来，而是共处在整体连续的大空间架构之下。结构系统完成了一半的限定，家具则帮助完成了另一半，两者之间留有空隙，形成了一个让人放松的状态；而家具设计也完全是为了支持人的各种活动和姿势。这里，崇高的尺度和亲密的尺度同时存在，读者在连续变形的拱券之下、自由曲折的书架之间徜徉穿行，选择自己喜欢的一处，或行或止，或座或立，或仰或俯，激发各种身体姿态对空间的敏感性，也由此找到自己的状态，在其中更好地学习、感受、冥想甚至于梦中偶发的灵感。[8]

图书馆一楼的地面甚至是倾斜的，顺应着略有坡度的环境地势，在强化场所感的同时，重新提醒了身体对于地面的敏感度。坐在以弹性软垫接触地面而微微颤动的凳子上，你会更在意自己身体所处的这个场所，这种略微的不安定感也时刻提醒着：你在这里，在一个身体、家具和地面微妙平衡的关系里，并且可以随时微微调整坐姿并再次体会这种充斥于空间中的张力和平衡。一般而言，经典的建筑必须要抵抗重力，稳定地建立起来；与此对照，现代建筑则一直试图脱离重力而获得一种放松的状态，并最终激发人的自由和创造，如同柯布的自由平面。而多摩美术大学图书馆则以新的方式重新回应了这一点，避免了均质的框架单元而形成处处不同的自由空间——从而以更放松的方式期待着人的加入、体验和创造。

如此，从空间与使用角度进行考量，回到具体的现实状态，帮助理解上一讲最后提出的价值判断问题。而要进行这种现实境遇下的价值判断，就要重新回到关于空间与人的理解。

对此，自古以来并不存在唯一正确的答案。在古典主义时期，人认识到自身可以够得上一个更高的存在，以今天的批判性眼光来看，或许这只是神话，但隐含了人的进步和精神追求，尽管它是通过某种拔高的方式来呈现的——例如万神庙，所以它也确实不关注日常生活；除非日常生活转变为另外一种状态——譬如尘封数千年的庞贝古城，突然呈现在我们面前，其中凝固着的生活状态，越是日常、充满不经意的细节，则越发呈现其不朽的价值。

古典主义之后，功能主义看上去更关注人的日常生活和实用，这是时代的巨大进步；但这个实用也会引出很多问题，可能会导向对个体和专业分工的尊重，但也可能导向过于生硬的分类或过于抽象的平均主义，对此需要不断地重新理解和创造，并且不能忘却同样潜藏于现代主义之中的人文关怀。

这也回应了关于房间原型和标准的讨论：从万神庙到多米诺体系，二者似乎完全不同，一个强调纪念性，一个强调功能性。其中涉及所谓的垂直与水平、中心与边界等问题，看上去似乎构成形式主义的分析内容；但更关乎于价值判断和认识——这种价值判断跟整个人类社会的发展息息相关。今天看来，多元的认识是可以共存的，而非仅仅单一性的存在。也就是说，现代社会也并不止于建立在诸如多米诺体系这样高效、标准、实用的原型之上。就像我们在平常的日子之外，也需要有节庆相聚。或者如柯布所说，住宅既是机器又是宫殿。而伊东丰雄的案例则以新的方式再次回应了这个问题：空间既是自由的，又呈现具有某种超越日常尺度之上的存在；大家共处在一个大的场所结构中，同时也乐于让其中每个人探寻各自的自由和发展。

注释

[1] 关于美的无功利性，是康德提出的审美的前提条件。参见：康德.判断力批判 [M].邓晓芒，译.北京：人民文学出版社，2002：38-39.

[2] 丹麦设计师坦·埃勒·拉斯姆森（Steen Eiler Rasmussen，1898-1990）在形容帕拉第奥的圆厅别墅时说："在众多别墅中，最有名的莫过于称为'圆厅'的那栋别墅。它的外形接近于四方块，四周的门廊有巨大的廊柱。从宽大的楼梯走上去，到了门廊时，你会发现那里的空间格局和（《雅典学园》（School of Athens），意大利文艺复兴时期画家拉斐尔·桑西（Rapheal Sanzio，1483-1520）于 1508 年所作的壁画，画中有一栋建筑展现出相同的空间组合）那幅画中的设计有异曲同工之妙。从宽敞、开放的门廊往前走，你会走到一个有桶形屋顶的大厅，最后走到位于中央的圆顶内室。从内室再往前走，整个活动的轴线又会经过另一个有桶形屋顶的大厅，最后通往另一边的门廊"，转引自：伯纳德·卢本.设计与分析 [M].仲德崑等，译.天津：天津大学出版社，2003：24.（[1] Rasmussen，1951：70.）

[3] 有关中国传统建筑通过室内陈设来表达各自的不同变化，这一看法得益于东南大学建筑研究所张十庆老师在研究所内部讲座的启发。

[4] 罗宾·埃文斯.人物、门、通道 [M]// 罗宾·埃文斯.从绘图到建筑物的翻译及其他文章.刘东洋，译.北京：中国建筑工业出版社，2018：38-65.

[5] 同上。

[6] W·博奥席耶.勒·柯布西耶全集 [M].第 1 卷.牛燕芳，程超，译.北京：中国建筑工业出版社，2005：58.

[7] 这种强弱作用，引自美国麻省理工学院的数字建筑专家米歇尔教授对建筑逻辑的研究，见：William J. Mitchell. The Logic of Architecture: Design, Computation, and Cognition[M]. Cambridge, Mass.: The MIT Press, 1990：236-237. 在笔者有关"空间操作"的研究中，也援引了这一对"强—弱"关系，来说明相关机制，参见：朱雷.空间操作现代建筑空间设计及教学研究的基础与反思 [M].南京：东南大学出版社，2015：104-106.

[8] 事实上，在这个图书馆里，有一些家具设置鼓励人以各种姿势躺着阅读、聆听、闭目凝神乃至于休息，形成一种非常放松的气氛。

第四讲
房间的分解与重构

前面讨论的房间是一个完整的、像容器一样的空间，这种空间由屋顶、墙体、地面等基本要素限定而成。而打破房间，即把房间重新分解成各个要素，并且对这些要素产生了新的理解，把它们固有的功能和背后的含义都剥离掉，使之获得更为抽象和独立的地位——由此，这些要素不再是房间的一片墙或地板，而成为垂直面或水平面，抽象的空间要素，相互独立、彼此分离进而重新构成（图4-1）——犹如打开的"潘多拉盒子"，展现出无尽的可能。

为什么要打破盒子、分解房间？除了上面提到的要素层面的抽象分解和重构之外；回归房间的定义，就是要把封闭体量中固定不变的束缚打破。因为现代社会本身就是发展变化的，很难有一个唯一不变的中心，也很难接受完全稳定的、对内包裹的、封闭的限定。这一理解关乎整个现代社会生活，也关乎人的解放，因此尤其注重水平方向上的自由运动，并力图化解垂直方向上的重力限定；空间的主题也不再仅仅是围合或中心，而是在打破房

图 4-1　凡·杜斯堡：空间构成

间之后，释放出新的可能——内外之间及各类空间限定要素之间，可能存在且不断生成的多重关系，由此导向全新的空间理解。

4.1　赖特："打破盒子"与连续空间

4.1.1　"打破盒子"

在现代建筑中率先打破盒子，呈现连续空间状态的，是弗兰克·劳埃德·赖特（Frank Lloyd Wright）的草原住宅。这是根植于美国本土的设计实践，最终发展出一套打破盒子的方法，可以看到，在赖特的一系列设计中，墙体如何裂开，成为列柱并空开角部，继而各个要素获得更为独立的发展（图 4-2）。在这一过程背后，对于水平性的理解是一个关键所在。"草原住宅"，顾名思义，根植于美国中西部辽阔的草原和与之相应的开放精神。在此，首先呈现的是建筑与大地的关系——接地性，并直接反映在"平台"这个要素上。因为平台并不是要包裹空间，而是抬升并

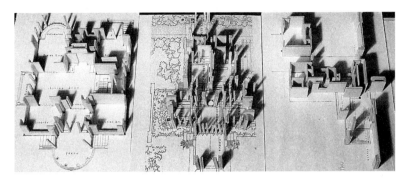

图 4-2　赖特草原住宅的发展：墙体要素的裂开与独立化过程

获得更开阔的视野，赖特非常关注建筑跟大地景观的联系——如同他的"有机建筑"理念所倡导那样：建筑从土地里面生长出来。

平台不只是支撑，也是扩展，室内地面和室外平台的延续最早实现了这一意愿，使得建筑跟更广阔的环境和土地建立起联系[1]（图 4-3）。也就是说，尽管房子的大小是有限的，但它跟土地的关系可以继续延伸——尤其是新大陆这样辽阔的土地，提供了追求新的生存及生活空间的自由。在此理解下，赖特的建筑从台基出发，进而呼应一切水平性的延展，发展出一系列要素：比如横向连接的窗子和窗间墙（这种窗间墙往往充满各种细作砖石或木雕，消除了垂直支撑的重量感）；而窗下墙也成为连续的水平线，呼应着平台及勒脚；窗与屋顶之间往往形成一条水平的间层，并呼应着室内连续流转的挂镜线条带；由此，屋顶也与墙体脱离，悬挑开去；最后，在房间的尽端，发展为凸出去的窗户，脱开两侧墙体的束缚，向外部环境延伸——这也促成了转角的分裂。

如此，赖特的草原住宅在水平方向上分了很多层，在延伸外部环境的同时，也呼应着室内坐卧起居的不同高度。这些水平层之间还可以进一步错动交叠——不止延伸的室外平台和出挑的屋顶，在室内连续的挂镜线和天花层之间，赖特也找到了不同的转

图 4-3 赖特自宅：室内水平分层（左）；外观及平台（右上）；室内凸窗（右下）

角和交接方法，相互穿插错动，形成多重的空间关系，在房间之间进行着分隔、联系和过渡（图 4-3）。

4.1.2 连续空间

由此，水平性的讨论不止于内外之间，还在于内部的不同房间之间。对这一点的理解可以参考赖特草原住宅的早期代表作威利茨住宅（图 4-4）。在这个类十字形平面的住宅里，有一系列房间，围绕着壁炉展开。每个房间都有具体的功能：餐厅，起居、书房、门厅等，但它们都串联在一起，没有走道——这又有点像圆厅别墅，但圆厅别墅里的房间是没有特定功能的。赖特这栋房子里存在有不同功能的房间，有着各自不同的大小和特质，但又要互相连成一个整体——这一点又类似路斯，只是路斯的房间不向外自由延伸。也就是说，每个房间都要维持自己的独立性，又要形成整体；而

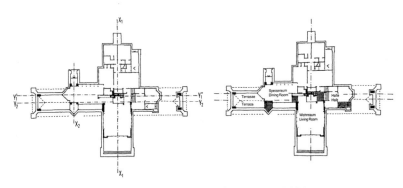

图 4-4 威利茨住宅（赖特设计）平面分析

非圆厅别墅那样，中心对位地串联在一起，消除了各个房间的区分。

对此，在威利茨住宅中，赖特利用了角部的衔接过渡（图面中的灰色部分），并局部进行了轴线偏移，形成围绕壁炉一圈的过渡空间，也有效解决了交通流线。这样过渡和联系房间的好处，是使得每个房间仍然维持它的完整性，通过角部的转折让轴线也不断变化错动，而不像圆厅别墅那样的中轴式贯穿。因为一方面，每个房间都要承载独立的功能；另一方面，它容纳的生活是多样的，并没有一个唯一不变的中心或轴线——如果一定要有的话，那或许是壁炉：这首先是一个物质支撑，继而也可成为某种象征；但即使壁炉也略略偏移了中心，维持着不同方向的平衡。这个图解可以帮助理解最早连续空间（continue space）概念的形成：首先是有不同的空间（房间），然后用某种方法局部打开并将他们相互连续起来，同时依然维持各自的独立性和完整性。

赖特后来的草原住宅，壁炉也不再位于十字中心，而更靠边。在其晚期的美国风住宅中，壁炉更偏离了中心位置，并且也不再有房间的明显分化（卧室除外），而只有空间区域的暗示和划分，物质限定要素更为精简，提供对不同活动的支持，空间则更多地重叠和相互借用，也更加自由和流动（图 4-2）。

4.2 风格派——密斯：要素分解与空间构成

与赖特的创作实践相呼应的，则是欧洲以风格派为代表的现代艺术流派，完全独立地发展出相似的空间概念。二者之间可能的关联，或许是受赖特早期教育背景中塑性艺术（Plastic Form）影响。[2] 所以说，赖特在形式上的取向是塑性的，而非其象征含义，即清晰呈现建筑墙板、平台、屋顶这些要素的基本体量和形式，并由此重构了空间关系。

4.2.1 塑性形式与要素构成

对于现代艺术而言，直接的挑战来自于摄影。有了相机之后，似乎不再需要写实性绘画了，这个时候会反问：绘画究竟应该画什么？是如实表达外部形象还是人的主观感受？又为什么要用绘画来表达呢？什么才是绘画自己的语言和价值？最后一个问题涉及现代思想的一个转折点——不再借助于外物来解释，而是反观并呈现自身的内在价值，即所谓自律性。

在这样的背景下，出现了抽象绘画，荷兰的新造型主义及风格派是其重要代表。风格派把绘画语言抽象为基本形式要素：点、线、面及三原色，诸如蒙德里安（Piet Cornelies Mondrian）的红黄蓝构图（图 4-5）。而所谓的塑性艺术，其所关注的正是抽象形式本身，而不讨论形式之外的任何具象内容象征或含义。

在二维绘画之外，风格派的部分成员还尝试继续进入三维空间。如范·杜斯堡（Theo Van Doesburg）的图解所示（图 4-6）：这个图解看上去是个房子，但这个"房子"被分解了，传统的立方体盒子（Cube）被打开，呈现为分离的要素，向外飞出，自由伸展并重新构成。在这样的图解中，基本感受不到重力的存在。事实上，风格派更在乎的是抽象概念而非物质结构，这一理解根

图4-5 蒙德里安：红黄蓝构图

图4-6 范·杜斯堡：住宅设计

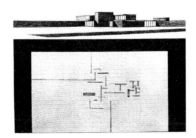

图4-7 密斯：乡村砖住宅

图 4-8　里特维尔德：红蓝椅　　图 4-9　里特维尔德：　　图 4-10　康定斯基：
　　　　　　　　　　　　　　　　　　　　　施罗德住宅　　　　　　九个离心的点

源于二维绘画，但是否可以代入现实的物质空间，确是一个问题。对此，蒙德里安与范·杜斯堡不久也产生了分歧，各自分道扬镳。事实上，将风格派的这种空间概念更好地体现在建筑上，则是后来的包豪斯，并在密斯·凡·德·罗（Ludwig Mies Van der Rohe）的作品中得到了充分展现（图 4-7）。

　　风格派的概念在其艺术语言的应用上被总结为"要素主义"，这是对二维画面基本形式的溯源，如前面谈到的点、线、面等；这一概念和方法被进一步运用在家具和建筑设计上（图 4-8、图 4-9）。与此相应，俄国的构成主义也探讨了基本要素及其构成，受此影响，来自俄国的包豪斯教师瓦西里·康定斯基（Wassily Kandinsky）发表了《点、线、面》，探讨抽象绘画的基本要素及其内在关系，以此重新理解二维画面（图 4-10）。在此，康定斯基进一步区分了"外在要素"与"内在要素"：将点、线、面等称为外在要素；而内在要素则是它们之间的相互作用或者张力关系——艺术家更应关注内在要素，因为外在要素是显而易见的，内在要素才是暗含于其中的相互关联，组织了整个画面。

　　所以，如果把要素理解成基本的操作对象，相互分离并重新

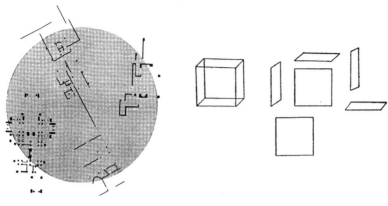

图 4-11　要素与连续空间　　　　图 4-12　莫霍利·纳吉的图解

构成，由此则可打开盒子并促成内外空间的连续——对此，赖特、风格派、密斯都共享了这一要素构成和连续空间概念（图 4-11）。但不仅如此，因为引导这个过程的不只是表面上的要素分解及空间连续，还在于要素之间的对话关系，充斥于空间中的张力——正是这些关系，构成施马尔松所言的"相互关联的整体"[3]。对此，执教包豪斯"设计基础"的莫霍利·纳吉（Laszlo Moholy Nagy）给出了一个基本图解：房间变成 6 个面朝不同方向散开，说明空间关系由此发生（图 4-12）[4]。

4.2.2　连续空间与身体的运动体验

一旦理解要素可以分解及重构，那么空间就会获得极大的自由，并形成所谓连续或流动空间。

密斯设计的巴塞罗那博览会德国馆，充分展现了这一连续流动空间的新概念（图 4-13）。理解这一空间并不止于图纸上展现的要素分离和空间连续，而更在于身体置于其中的运动（movement）。为什么要推崇身体和运动呢？作为比对，当处于一个静止状态的时候，希望存在一个稳定的中心，如同康所画的房间的图解（图 2-1）；或者中国传统院宅堂屋的轴线，似乎掌控着一切。而现代建筑的连续空间正是要突破这种静态的束缚，对于运动的关注，通向人身体之于空间的自由感知和体验——在这一点上，空间也正是身体延伸（图 4-14），运动的身体跟各个独立的建筑要素之间，时时刻刻在发生着关系——这是一个自由生动的关系，是对空间的探寻和发现，也是对身体的探寻和发现，对应着空间中的张力和身体的各种动姿，犹如巴塞罗那德国馆水池边舞动的人体雕塑（图 4-13）。

一位朋友曾和我提起在巴塞罗那德国馆参观所经历的迷惑：走来走去还是不清楚这个馆的平面结构是什么样的。这样的感受可能正是密斯想要达成的，它不提供唯一的理解，而跟人所处的空间位置和游走状态相关。由此，需要理解的是：连续空间和要素构成不是随意的形式游戏，而是人之于空间无时不在的感受和体验。这也是现代艺术真正关注的核心，康定斯基所称"内在关系"，即所有要素相互之间正在发生着的关系，观者可以共同见证甚至参与这种关系的发生——就像园林，步入其中，"游园"才会偶发"惊遇"。

事实上，关于这种连续流动的空间状态，在外部空间中可以发现更早的实例。比如中国园林里的"步移易景"及"处处有景"，就是强调每一处都处于与不同要素的动态关联中，空间场景伴随身体的运动而不断呈现。通过人设身处地的运动来体验空间之间的张力关系，这一点也正是柯布在雅典卫城体验到的"漫步建筑"[5]。

空间伴随人和物质要素的相互关系而发生，而非预先固定不变，如此"生成"连续流动的空间。这不仅是物质构件或抽象要素构成的空间，而是与人的身体运动及活动状态相关联，这也正是密斯所形容的"抓住生活"。[6] 亦即回到当下，专注于我们自身的存在及正在发生的活动——这才是对所谓"现代"的一个根

图 4-13　密斯：巴塞罗那博览会德国馆

图 4-14　包豪斯学生舞台表演

本性理解，以此抛弃和对抗一切历史权威，也无需幻想飘渺不定的未来，而是回到一切正在发生的事情，人的活动和创造。

4.2.3　空间限定与结构支撑

至此，可以比对多米诺体系（图2-8）和空间构成（图4-1）这两个图解：柯布的多米诺体系，看上去是先从物质开始，呈现了真实的结构，并选取人眼透视的视角，带有光影描绘，如同真实所见；范·杜斯堡的空间构成则完全抽象，选取非人眼所能看到的轴测角度，同时也不表达真实的光影和材料。

除此之外，还有一点重要的区分在于：多米诺体系其实就是结构，剥离了所有的空间围合，也为柯布的自由平面提供了基础；而空间构成这个图解背后则隐含了一个问题——空间构成要素也必须同时成为结构要素，如同赖特的建筑，否则它不能成立。如果说，范·杜斯堡空间构成中，空间限定要素与结构要素是合一的；柯布的多米诺体系，则预示着空间限定要素与结构要素的分离。这是完全不同理解。从这一角度看，柯布的新建筑五点提供了对要素的另一种理解——不只是形体或构件的分解与构成，而是不同结构或系统间的分离与叠合。[7]

回到空间限定要素与结构构件的关系来看，在赖特的房子里，墙体尽管裂开了，但并不可以随意移动和抽取，直到密斯后来把支撑与围合这两件事情分开：加入了框架支撑，墙体才得以解放并可（至少是看上去可以）自由移动。[8]

范·杜斯堡的空间构成和柯布的"多米诺"体系被认为是现代建筑最重要的两个图解[9]，从中可以看到对房间的不同理解和突破，而其所呈现的"空间—结构"这一对关系，也不仅限于房间的讨论，涉及对结构的理解及更多相互关联的体系，这也引向了对空间的另一种理解：位置和结构关联。这正是接下来要讨论的。

注释

[1] 在赖特早期的自宅中，尽管外观并没有后来草原住宅的明显特征，但凸出的室外平台、凸窗以及局部连续的横向窗带（包含了部分窗间墙），这些基本要素已经呈现。室内与窗顶同高的位置也呈现水平方向连续流转的线条。

[2] 赖特幼时接触了德国教育家福禄贝尔（Friedrich Frobel）发明的一套儿童视觉训练玩具，由一系列抽象的几何实体要素构成。

[3] 参见本书第一章"1.1.3"部分。

[4] Adrian Forty，Words and Buildings：A Vocabulary of Modern Architecture[M]. New York：Thames & Hudson，2000：267.

[5] 有关柯布受到的雅典卫城的启发，这种相互关联的关系，在下一章中还会专门讨论，参见本书"5.3.1"部分。

[6] Adrian Forty，Words and Buildings：A Vocabulary of Modern Architecture[M]. New York：Thames & Hudson，2000：268.

[7] 有关对要素的不同理解，区分形体与结构，及对构件型要素与系统型要素的不同理解，参见：朱雷. 空间操作：现代建筑空间设计教学研究的基础与反思 [M]. 南京：东南大学出版社：80-88.

[8] 密斯设计的巴塞罗那德国馆中，柱子和墙体的结构关系存在一定的模糊性。一般认为，柱子承重，墙体是自由的；但墙体仍然直接连着屋顶，并未脱开，造成一定的暧昧关系。参见：罗宾·埃文斯. 密斯·凡·德·罗似是而非的对称 [M]// 罗宾·埃文斯. 从绘图到建筑物的翻译及其他文章. 刘东洋，译. 北京：中国建筑工业出版社，2018：176-183.

[9] 以"德州骑警"为代表的第二代现代主义建筑学者，曾以这两个图解作为基础，重新理解和探讨现代建筑的根源并发展出以"九宫格"练习为代表的一套新的模式，参见：Alexander Caragonne，The Texas Rangers：Notes from an Architectural Underground[M]. Cambridge，Mass.：The MIT Press，1994：34-35.

第五讲
空间作为结构关联

上一讲谈到打破房间，并开始呈现出一种空间关系。这正回应了第一讲提出的对空间的两种理解：一种理解是房间，另一种理解则是位置或相互关联。与此相关，现代建筑理论家吉迪恩总结了历史上的两种空间概念：一种是体量外部的相互作用；一种是体量内部的空间；并继而提出现代建筑的一个重要发展就是打破了封闭在体量内部的空间，诸如风格派或包豪斯，将空间关系从外部引入内部，并使内外共同作用，产生出第三种新的空间概念。[1]

5.1 "房间的社会"

5.1.1 房间单元内在的结构关系

即使不谈房间的分解，而从房间的基本问题及定义去讨论，也会涉及其背后的空间关系。譬如我们课堂所处的这个房间，它必然具有某个特定的位置，这个位置取决于它与外部大环境的关系，也取决于它与同一栋大楼中所有其他房间的相互关系。因此，这一问题的实质，已经暗含在对房间基本单元的定义里，回到第二讲关于房间的图解，可以看到：要理解一个房间，其背后必然有某种结构关系——尽管这个结构关系往往是隐含的，不会被直接看到；因为这个房间必须要在一个背景环境之中，才能被我们理解或感知（图2-2）。

在香山寿夫的房间图解中，有个内部的中心，还有一个外部环境，共同形成向心或包围关系——诚然，这种内外关系可以是一致的；但如果注意到房间还有入口，这一关系又开始具有了方向性和动感，并非总那么稳定。对此，格拉夫的空间图解类型展现出另一种可能——中心与边界既可能是一致的，譬如边界包裹中心；也可能是对立的，譬如中心发散和边界塌缩，相互矛盾斗争而不断发展。由此，格拉夫试图用这样一对基本关系来分析路易斯·康的建筑设计的生成过程（图2-3、图2-4）——这已然涉及房间群的组织，即康所言"房间的社会"。

5.1.2　房间群的分化与组织

关于房间及房间群的分化和组合，最早从理性的角度对这类问题进行归纳和分析，是两百年前巴黎理工学院的教师让-尼古拉-路易·迪朗（Jean-Nicolas-Louis Durand）。他对不同时代和地区的建筑进行了统一的绘制和分析，进而说明一个完整的体量是如何分化的，而一群体量或房间又是怎么组织的（图5-1）。其中，轴线和网格成为一种普遍的理性主义的方法，可以看到笛卡尔坐标系和画法几何的影响。迪朗的这套布局和组合方法也影响了后来学院派的构图组合原理，而康所谓"房间的社会"则是这一问题在现代社会中新的呈现。

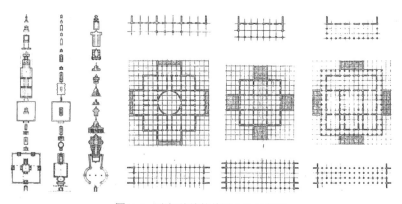

图 5-1 迪朗总结的体量分化与组织

　　在康的多米尼克修道院平面图中（图 1-6），可以看到：两类私密性的小房间以单元重复并置的方式排列成房间组，通过走道相连并从三面围合了内院；而内院之中则充塞着不同功能的公共性的大房间，相互串联在一起，呈现出一种既统一又具多重中心的复杂结构。

　　香山寿夫曾谈到，房间组织最终的一个目标就是所有的房间又共同构成一个大房间，或者说，形成某种共同的围合和中心。[2]对此，赖特早期的拉金大厦中央贯通多层的大厅是个鲜明的案例：所有房间围绕着中庭空间，形成可清晰感知的整体关系，犹如带着好几层"包厢"的"大房间"（图 5-2）。而路斯则提出了另一个问题：他希望每个房间都不一样，拥有自身的特性；同时又跟所有其他房间发生关系，相互叠合或连通，整合在一个紧凑的体量里，这才是所谓的"容积设计"。

　　这就是房间群的组织，房间群的一个理想状态就是在维持每个房间自身特性的前提下，让每个房间都处在跟其他所有房间的关联中，因为这样才是空间资源的最大化整合和利用：所有房间共同形成整体。或者更进一步，所有房间都彼此关联甚至可互相

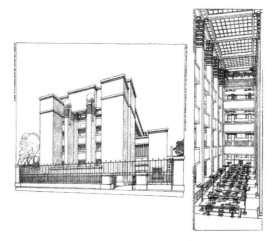

图 5-2 赖特：拉金大厦

叠用，但又不以牺牲单个房间的特性为代价——如同一个理想的
社会组织结构。

5.2 结构组织：网格、轴线、中心等

谈到结构组织，先前迪朗的分析中已提出了建筑布局中的网
格、轴线等基本方法，开启了理性分析的先河。而现代人文主义
学者鲁道夫·维特科威尔（Rudolf Wittkower）对一系列帕拉第
奥设计的文艺复兴别墅的图解分析（图 5-3），经由柯林·罗的
《理想别墅的数学》，则从更纯粹的形式理性角度，连通了古典和
现代，探讨了建筑空间内在的结构组织（图 2-12）。

在柯林·罗比较分析的帕拉第奥与柯布西耶的"理想别墅"中，
有一点不同的正是结构——这里首先是指物质承重结构，即柯布
的多米诺体系。在此，结构已不再隐含在体量的背后，而成为建
筑单元约简后唯一显现的存在。

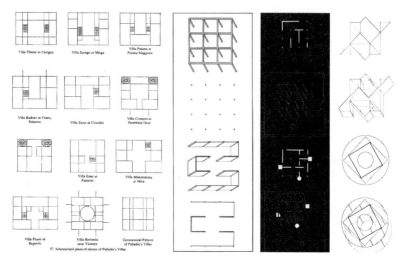

图 5-3　维特科维尔：帕拉第
奥 11 个别墅的几何图式

图 5-4　斯拉茨基、海杜克：
　　　　九宫格练习

　　对于现代建筑而言，框架结构已经成为一个最为普遍运用的
物质支撑系统，提供了某种"中性"乃至匀质的空间组织基础，
既可以容纳更为通用的空间，如密斯的玻璃盒子；又用来进一
步支持更多样的功能活动，如柯布的自由平面。对此，以"德州
骑警"为代表的第二代现代主义建筑的研究者，发展出一套"九
宫格"空间练习，延续了多米诺体系的讨论，并一直延伸到现当
代设计教学与实践，探讨空间组织的限定和自由（图 5-4）。[3]

　　诚然，在框架结构之外，还有诸如网格、中心、轴线等一系
列空间组织的工具或语言，呈现出均质性与层级性等不同的结构
关系——该如何理解、选择和运用呢？对此，屈米的拉维莱特公
园竞赛方案给出了一个新的解答：在这个设计中，可以看到历史
上曾有过的各种空间组织方式，分别展现为点、线、面的基本语
言——其中"点"即点阵，是均质散布的小型公共设施；"线"则
包括了明确设定的几何轴线和自由的漫步小径等；"面"则是不同

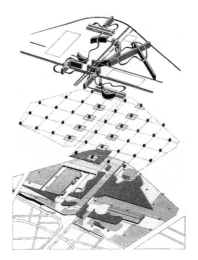

图 5-5　屈米：拉维莱特公园竞赛方案图解

的功能活动区块。在屈米的这个方案中,这三类要素是完全独立的,并无主次之分, 各自遵循自身的逻辑,同时呈现并相互层叠碰撞(图 5-5)。这引向了一种新的理解,也让我们继续追问:所有的房间群组织一定要形成一个整体吗?其中, 有没有统一的结构参照?这一问题既关乎整体结构,也关乎每一处空间的定位问题。

5.3　有没有统一的结构参照——如何确立位置

5.3.1　位置的创建

　　人类最早在世界之中确立自身的定位标识,可以追溯到金字塔及远古巨石阵。如前所述,金字塔巨大的体量造就了一个特殊所在,在自然山川和河流间,建立起人类的标识。它是当时人力所能建造的最大体量,并且是一个纯粹的几何体量,区别于自然物,在阳光下投下精确的阴影,标示出方位和地点。在这里,可

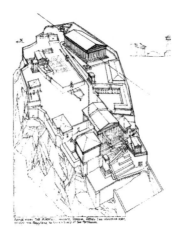

图 5-6　雅典卫城

以看到：位置是创建出来的，尽管此前也有自然山川及河谷的参照，但相较于周期泛滥的尼罗河，这是人类之于外部世界更稳定、精确的建造，对抗着时间的流逝，成为古代文明的标志。

相较于埃及金字塔，雅典卫城的建筑群则更多展现了一种相互间的关联：在不同体量之间，以及建筑体量与自然环境之间，相互作用和对话，生成彼此间的关联（图 5-6）。卫城各个神庙、山门及塑像，或大或小，或高或低，或正或偏，在充分展现自身的同时，也促成了处处不同的外部空间特质。这种相互关联，并非预先设定或统一控制；只有身处其中，才能确切体会，并随身体的运动而不断展现。柯布对此深有体会，提出所谓的"漫步建筑"。在这里，位置是通过彼此的关系相互参照来定义的，并无统一的轴线或网格。

5.3.2　统一的结构关系

人类对世界形成统一的认识及相应的描绘方法，很大程度上得益于文艺复兴发展起来的透视学，以及理性主义时期所创立的坐标系。凡尔赛花园即产生于这样的背景之下（图 5-7）。相比于

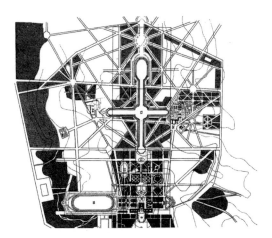

图 5-7　凡尔赛宫花园

中世纪乃至雅典卫城那种相互之间错落生成的空间关系，这里展现了一种统一的结构——这个结构显示出高度清晰的控制性和层级性：以路易十四王的宫殿为中心，建构了一个完整的秩序，并向外无限延伸——直至全世界。

与此相应，之前提到的迪朗的分析，也是有意识地将不同时代和地区的建筑都置于同一空间——即同一张图纸上，采取同一制图方法和比例，进行归类和比较。其背后正反映了笛卡尔坐标系和牛顿经典物理学所确立的空间概念：由此，可以建立一整套以网格和轴线为基础的空间语言，将古往今来的一切建筑纳入进来。[4]

与此相应，今天大量拓展使用的多米诺体系和框架结构，也可看作这一理性主义传统的延续。相较于凡尔赛宫，它们去除了等级差异，而提供一个更为中性、均质的参照，从而为更丰富的活动提供基础和支撑。对此，当代"后结构主义"或"解构主义"则重新质疑了这一参照体系本身：确实存在统一的、中性的结构参照吗？或者说，存在唯一客观的体系或标准吗？与此相应，所谓的抽象空间或通用空间是否只是裹挟在全球资本扩张下的一个幻象？

5.3.3 统一与多重

对此，半个世纪前的"结构主义"已然提出了一系列策略和方法，来应对简化的现代主义危机：区分稳定的物质结构（以及基础设施支撑）和可变的使用部分；并在空间组织的层面，重新探讨"结构"的含义——不只是承重结构，而是一种空间乃至社会组织关系。

在这个意义上，结构主义首先是一种哲学概念，认为人的认识乃至人类社会组织背后有一个隐含的结构。与此相应，受马丁·海德格尔（Martin Heidegger）存在哲学的影响，诺伯格-舒尔茨（Norberg Schulz）提出了"存在空间"理论，试图重新解释人类建造活动背后的潜在的结构和要素，将其归纳为：中心、路径和区域——这些结构性要素不再是几何网格或轴线，而是一种拓扑结构，表达包含、连续、近接等基本关系，以获得一个共同的稳定的认知。[5]

舒尔茨的工作或许是当代建筑对于统一的结构参照所做的最后努力，跨越了形式主义，直指人类集体潜意识中共有的空间认知结构。与此对照，受诺姆·乔姆斯基（Noam Chomsky）的结构主义影响，彼得·埃森曼（Peter Eisenman）则在形式分析的道路上继续深究建筑学的内在语言，重绘了多米诺体系，并提出"自我指涉"与"深层结构"等问题，将结构框架自身视为操作对象，而非稳定不变的参照体系，重新诠释了对结构的相互性和多重性理解（图5-8）。[6]

与此相呼应，在"德州骑警"之后，康奈尔学派的迈克·丹尼斯（Michael Dennis）从城市建筑的角度，对法国府邸（France hotel）进行了系列研究，揭示出传统城市建筑中存在的多重性，而非单一连续的空间秩序：需要在不同层级上反复切换和解读，层层展开，构成多重复杂的拼合关系（图5-9）。[7]

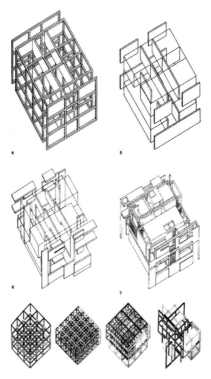

图 5-8 艾森曼："深层结构"与形式操作

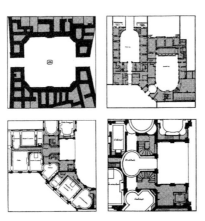

图 5-9 迈克·丹尼斯：法国府邸的多重空间与"涂黑"（poche）

而屈米的拉维莱特公园设计图解（图5-5），则以一种"层叠"的方式展现了这种多重性及相互间的对话乃至碰撞：最下面一层的区块对应着各种活动现状，似乎没有什么结构关系；中间一层点阵则是没有任何倾向性的中性网络，以提供匀质分布的服务设施，空间配置最为公平；最上面一层，两条轴线分别是沿运河的道路和径直穿越公园的长廊，其他则是自由小径，与几何性的边界形成鲜明对照。总的来说，这里有三层要素，彼此之间形成了多重可能，而不再有一个唯一稳定不变的结构；三者之间的关系也不具有层级性和控制性，不同于凡尔赛花园——尽管这两个园里都有非常清楚的点、线、面要素。如果深入比对的话，凡尔赛花园的点、线、面是相互一致统一的，彼此限定并进一步强化了主要的中心和轴线；而拉维莱特公园的点、线、面则呈现另一种松弛自由的关系，每个要素都只遵从自身的逻辑，彼此独立进而相互叠合碰撞。[8]

回到我们的问题——如何确定位置？可以看到，如果回归基本的身体性理解的话，永远会存在并发生着相互间的关联和对话，无论古希腊的雅典卫城还是当代的流动空间；但如果要有更强的统一控制，则可回溯古典主义的轴线秩序；抑或相反，如同现代主义的匀质网格及通用空间——放之四海而皆准；又或如当代的交叠和碰撞，在多重关系中不断生成和转化。

对此，除了空间形式分析所呈现的一致性和差异性之外，还需回到具体现实中去进行价值判断——在空间的实际使用中，去理解和组织人的活动及人群关系，这成为下一讲要讨论的问题。

注释

[1] Sigfried Giedion，Space，Time and Architecture[M]. Cambridge，Mass.：Har-vard University Press，fifth edition，1967：Iv-Ivi.

[2] 香山寿夫 . 建筑意匠十二讲 [M]. 宁晶，译 . 北京：中国建筑工业出版社，2006：45.

[3] "德州骑警"这个名称源自于一部美国西部片电影，后被建筑界援引，用于称谓当时（1950 年代）聚集在德克萨斯的这批青年建筑新锐。参见：朱雷 . "德州骑警"与"九宫格"练习的发展 [J]. 建筑师 128，2007（4）：40-49.

[4] 尽管相关轴线和阵列组织的方法在希腊神庙的柱廊中早有呈现，但仅限于自身要素的组织，未及于整个内外空间环境；直到理性主义时期才建立了统一的世界坐标。

[5] 诺伯格—舒尔兹 . 存在·空间·建筑 [M]. 尹培桐，译 . 北京：中国建筑工业出版社，1984：7-8.

[6] Peter Eisenman，Aspects of Modernism：Maison Dom-ino and Self-Reference Sign. In：K. Michael Hays，ed.，Oppositions Reader：Selected Readings from A Journal for Ideas and Criticism in Architecture，1973-1984[M]. New York：Princeton Architectural Press，c1998：188-198.

[7] Michael Dennis. Court and Garden：From the French Hôtel to the City of Modern Architecture[M]. The MIT Press，1988.

[8] 有关凡尔赛花园与拉维莱特公园的空间要素与构成的分析比较，参见：朱雷 . 从凡尔赛到拉维莱特：试析两个园的空间构成与巴黎城市的双重脉络 [J]. 新建筑，2007（01）：97-100.

第六讲
结构关联与使用活动

上一讲从房间群的组织谈到了结构参照，提出如何确定房间的位置和相互关联，对此有不同的理解和方法：整体性的，或相对性的；统一的，或多重的。这要如何选择和判断呢？除了对空间关系自身的分析之外，还需回到现实需求——因为空间关系不只是一个抽象概念，其背后已然暗含了某种价值观，需要联系现实问题去考察，以帮助我们获得更为确切可靠，并且也更具批判性和前瞻性的理解。

第三讲讨论房间与使用时提出一个要点是怎么理解人，而位置关系对应的则是人群，如同路易斯·康设计的多米尼克修道院所展示的一种组织机构（图 1-10）；或者是人的活动，如同雅典卫城中的行进动线，串联起大大小小不同的神，各自显现而又彼此关联（图 5-6）。

6.1 不止于实用

6.1.1 社会结构与秩序

从人的使用来看空间位置与关系，这涉及对人和人群的理解，但这个理解并不只是实用性的。尽管在今天看来，受到现代社会功能理性的影响，这种关系大多跟实用性目的相关；但历史上的空间关系，更多地反映了人类社会的结构或秩序。以凡尔赛花园为例，很明确的一点就是，首先要建立秩序，而且是统一的秩序和控制。与此相对，雅典卫城所呈现的则是自然主义的众多神灵，每个神灵呈现各自不同的面目并形成相互错综的关联；而凡尔赛花园所要树立的则是所谓"太阳王"路易十四的权势和威望，将其自身定位在一个明确的轴线中心，并发展出清晰的层级性的主次关系（图5-7）。同样，如果去考察北京故宫，也可以理解其背后的社会结构关系。[1]

6.1.2 尚未明确分化的流线系统与使用关联

回顾前面讨论的圆厅别墅，它在某种意义上也是一个房间群，围绕中心和轴线展开，但还没有出现具体的房间功能和明确的流线分化。对于这类建筑，迪朗总结了一套基于轴线网格的设计方法，由形式工具开始、依次推进到功能使用和结构建造（图6-1）。与此相应，现代建筑的"九宫格"和"方盒子"练习也是先给出

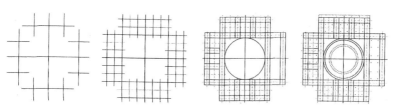

图6-1 米歇尔：自上而下的设计方法（以迪朗为例）

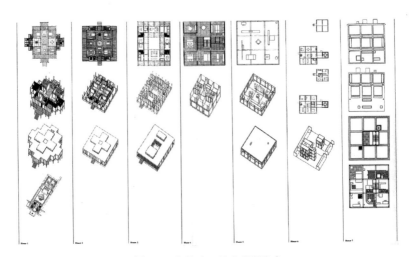

图 6-2　海杜克：德克萨斯住宅

空间形式限定，再构想其中的生活与使用[2]——所不同的是，方盒子不再单纯追求所谓的轴线秩序，而是回归最简洁的形体并探讨其后隐含的各种可能的空间关系（图6-2）。

反观中国传统院宅，也重在确立一种结构关系，突出家族的礼仪性，区分不同的空间性质和家庭成员身份——每个房间的性质主要取决于它在整体关系中的位置，而非特定的内部功能，也往往无关乎使用者的个性特征。[3]

6.2　明确分化的流线组织与房间群

6.2.1　不同功能房间与流线的分化

17世纪英国乡村住宅中出现了用走廊来组织空间的方法（图3-2）。在这个时候，人群的组织中开始更多显示出不同的身份、个体需求和与之相关的丰富的活动内容。走道首先区分的是主人跟仆人——最初的走道及服务性楼梯主要是给仆人使用的，避免其穿越主要使用空间；而主人们则在不同的厅室里活动，相互之间仍保留着串接关系。事实上，这个时候的空间存在某种双重关联，既有走道的分化和联系，又有房间之间的直接串联；再往后，走道分化和联系房间的功能被进一步强化了，房间之间的串联关系则逐渐消失。

总的来说，走道的出现就是人群和空间开始明确分化的标志：将不同的人物分化出来，首先将仆人的流线从重要的空间中分离出去；当然，也同时区分了男人、女人等不同人群，分别拥有不同的独立的房间，这是跟圆厅别墅完全不同的空间分化和关联。这种现象的出现，对应了更细致的人群分化和更丰富多彩的活动需求；而不只依从于一个大统一的结构秩序。在英国住宅的案例中，每个房间都有不同特性，而这种不同的特性，并不只依赖于这个房间在房间群里所处的位置，甚至在更大程度上依赖于房间内部的使用功能——就像我们今天很多的设计任务一样，是因为功能不同才导致房间的不同，甚至于忽略了房间的特质还有赖于它在整体中的位置关系，这反而成为当代设计的一个问题，过于强调单一的功能决定论，而忽视了整体复合的空间结构。

反观英国乡村住宅案例，可以看到，房间名称主要根据内部的功能来决定，同时仍保留了一定的轴线对位关系。有些房间，其功能与位置具有较高的吻合度，比如位于正中的房间，也安排了比较重要的功能；而另一些房间，大大小小散落各处，则与其位置没什么必然关联，更多由自身使用内容来定义，而非取决于其所处的整体空间关系。

随着现代社会的发展，不断涌现出新的类型和功能。对此，学院派发展出一整套构图组合的方法，其主要问题就是如何将复杂多变的功能与统一的轴线形式结合起来（图6-3）。各个房间

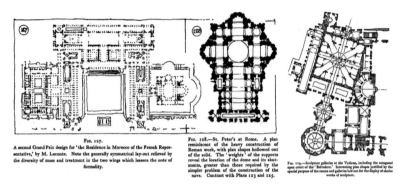

图 6-3　学院派构图

内部的功能需求是不同的，往往不对称，但在整体组织上仍然要
维持对称统一，因为那个时代能被理解的价值观首先是整体的对
称和秩序。这就是整个学院派的努力，将越来越分化的功能与统
一的轴线秩序统合在一起；并且，努力将重要的功能房间置于重
要的位置，而不重要的房间则可能整合成某一区块（比如整合为
某个轴线的一翼），作为背景或陪衬，以强调中心的房间。因此，
它是具有层级的，甚至可以将某些部分"涂黑"（poche），以保
证重要空间的完整对称。一般说来，被涂掉的空间往往是消极的
或不作为主要使用功能，譬如结构体、储藏室乃至内部楼梯（在
学院派构图的早期，楼梯往往被认为是服务性的而被隐藏起来），
这也是康所谓"服务空间"的一个来源。

　　作为学院派后期构图原理的总结，巴黎美院的教师于连·加
代提出了两类要素。一类是"构图要素"，就是不同的房间和走道，
由此组织一个完整的建筑或房间群。其中走道和门厅也扮演了重
要的角色，具有完整的空间感（不像后来纯粹成为服务性的交通
流线，甚至于丧失了对空间感的而追求），构成整体的空间序列。
在这样的平面构图中，部分重要空间往往被涂灰（mosaic），以
进一步强化空间的重点和层次，展开整个建筑群丰富的空间序列

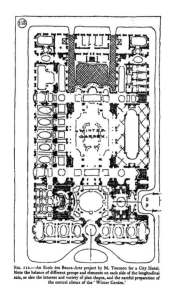

Fig. 112.—An Ecole des Beaux-Arts project by M. Tournon for a City Hotel. Note the balance of different groups and elements on each side of the longitudinal axis, as also the interest and variety of plan shapes, and the careful preparation of the central climax of the 'Winter Garden.'

图 6-4　学院派构图：某旅馆设计

和体验。[4] 这样，通过墙体等"涂黑"（poche）而限定出来的空间，添加了灰色区域的层次表达，不仅形成了构图上的"黑—白—灰"关系，而且在统一功能和轴线的同时，表达了空间的层次性、丰富性及序列的完整性，这才是学院派构图的真正内核，一如既往地展现了建筑空间组织之核心，而非仅仅关注外观风格（图 6-4）。

　　构图原理的另一类要素是所谓"建筑要素"：就是墙、柱、屋顶、台阶、门窗等，这些要素构成一个房间；而房间，即所谓"构图要素"，则与门厅、走道一起组成整个建筑，如此完成学院派的构图——直至现代主义重新挑战了关于人与房间的理解，并且摒弃了轴线的统一性，重新理解人群的分工和合作组织。

6.2.2　专门化的功能分工：高效的关联系统

　　对于功能分化和空间组织秩序，学院派试图寻找一种统一或平衡，既接受并满足越来越多样复杂的功能需求，又统一在完整

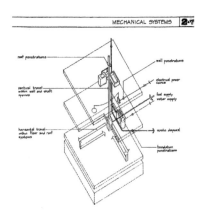

图 6-5　程大锦：设备系统的分解轴测

的轴线秩序下。但是，如果抛弃轴线秩序，而转向更为纯粹的功能的话，则通向了现代主义的一个重要理解：所谓轴线秩序，其实是超越了实用，但如果现代社会不再依赖这些虚幻的神话或权威，而转向大众自身的活动和创造，那么，功能主义可以提供一种更为直接的解答，如同机器——或再进一步，如同生物机能。

　　按照这个关系来看，一个互相关联的整体，走道有点像血管，跟这个更接近的则是现代建筑中开始出现并越来越多的设备管线系统；与此有关的还有结构体系，如同骨骼，因为结构也必须是个整体，力要自上而下传递，并相互支撑，达到整体的稳固和平衡。

　　对功能关联的理解，也进一步强化了系统的概念，而不仅仅是一个个独立的房间。[5] 来自于机械制图中的轴测分解往往更好地展现了这一点（图 6-5）。这也反映了柯布关于机器的理想：机器是有结构的，结构可以被单独的分解出来——这就是多米诺体系。在此之前，奥古斯特·佩雷（Auguste Perret）已经实现了混凝土框架的应用，但并没能完全独立地展现出来，而是包裹或夹杂在表皮之下（技术已经达到了，但还有待于思想观念的形成），直到柯布的多米诺体系及由此发展出的新建筑五点（以萨伏伊别

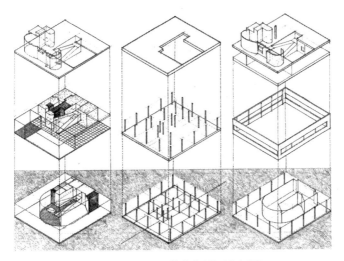

图6-6 程大锦：萨伏伊别墅分解图

墅为代表，图6-6）。事实上，柯布的新建筑五点也可以看作是五种新要素，这是一种结构性的系统要素，而非于连·加代构图原理中的各类房间体量及其构件。[6]

这个背后发展出一种机器美学，替代了所谓的轴线组织。如果说，机器代表了一种新的信仰，这个信仰对于柯布而言可能仅仅是其思想的一面（如同前面提到的：住宅既是居住的机器，又是宫殿）；但对于另外一些人而言，则可能就是全部。

包豪斯以自己的方式诠释了这一新的认识，瓦尔特·格罗皮乌斯（Walter Gropius）设计的包豪斯新校舍，以明确的体块表达不同功能，并且不再遵照轴线组织。这里没有静止的中心，而是动态的，或者说处处都是中心——所以在这里面，你需要不停地运动。最好的呈现角度是对角线，而非所谓的正立面（图6-7，图7-4）。这一建筑的参照更像是工厂，抑或机器零件的组装。事实上，在此之前，格罗皮乌斯和他的老师贝伦斯都已完成了相应的工厂及车间的项目实践。

图 6-7 格罗皮乌斯：包豪斯校舍

在这样的理解中，学院派忽视的所谓服务性功能也得到了重视和发挥，比如楼梯，无论是公共性的还是服务性的，现代主义建筑通常喜欢将楼梯（甚至厕所等）单独表现出来，这是对功能的自信表现，而不再仅仅用来陪衬主要空间。

6.2.3 "功能主义"与"泡泡图"的设计方法

有关功能主义的思想，其后发展出一种泡泡图的分析乃至设计方法（图 6-8），产生了广泛影响（我们现在仍处于这一影响之下）。这一方法与前述迪朗的总结恰好形成对照（图 6-1），分别从功能和形体出发。需要指出的是，这种方法，针对的功能性越

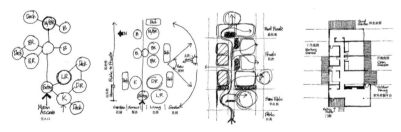

图 6-8 保罗·拉索：从功能泡泡图出发的设计方法

强则越有效——譬如工业建筑，人群被分解为流水线上的固定工位，如同零件组装，在某种特殊情形下，甚至可能导向唯一的最优解。

　　但大多数人群活动的真实状况，都包含某些不能清晰定义和预测的部分，这也正是创造性的来源。人的活动和人群组织可能会有明确的功能分化和流程（比如医院分科和检查流程）；但也有可能是弹性甚至模糊的（比如交流派对），不一定能被完全清晰地分门别类安排。

6.3　对“功能主义”的补充和批判

6.3.1　固定的结构与可变的空间

　　结构主义对功能组织的规定性和灵活性给出了一个基本策略：确定必须要确定的事情，通常为更持久的物质支撑结构和设施；对不能够确定的事物则留出空间，不作过多限定，即留出弹性使用和发展的余地（图6-9）。结构主义的做法影响了后来的开放建筑，也是在这个背景之下，当代瑞士建筑师迪特玛·艾柏利（Dietmar

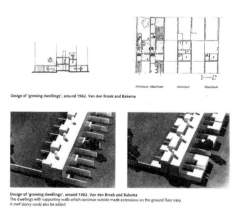

图6-9　结构主义：“留出空间”

Eberle）继续加入时间因素的分段化考量，并强化建筑的场所和类型属性，建立了从城市到建筑的一系列设计思路和方法。[7]

对结构的多重理解的另一个案例是路易斯·康所谓的"空心石"：即结构不只是结构，其内部也可容纳一定的功能——一般是服务性功能。这一点也与他提出的服务与被服务空间相关。

6.3.2 服务与被服务空间

康的服务与被服务空间可看作对现代功能主义的重新理解，也是对空间的规定性与灵活性的另一种解答（图6-10）。通过这种分化，区分了主要空间（被服务空间）和服务空间，并试图将服务性的功能与结构、设备等现代建筑中越来越重要的技术要素结合起来，以此重新整合空间，使剩下的主要空间（被服务空间）

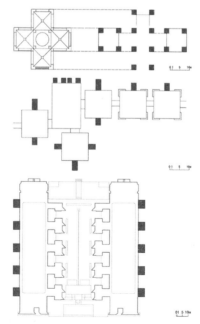

图6-10 路易斯·康：服务空间与被服务空间

图 6-11 路易斯·康，金贝尔美术馆：纵向的恒定（左）与横向的流（右）

更加完整——这一点又重新回应了学院派的追求——不只是轴线，还在于空间的完整和稳定。

事实上，康的作品不仅是对古典和学院派的回归，也是对现代建筑的发展。在其晚期作品金贝尔美术馆中，可以看到：在拱顶的纵向延伸方向上，呈现出非常稳定、完整且对称的空间；而在拱顶单元间的横向联系上，则是一系列平行并列的空间关联；拱顶之间下沉的天花上，集成了各种服务设施。由此形成了一种双重性的空间特质，既有稳定的一面——指向一种近乎完美永恒的空间；另一面则展现出自由的流动（图 6-11）。

6.3.3 创造性的活动关联

再看康设计的多米尼克修道院（图 1-6）：中心附近的多个大房间承担了不同的公共集合功能，但没有任何一个功能占据唯一的中心或主体地位，似乎每个功能活动都很重要，无论祈祷、进餐、阅览，还是锻炼，都有同样的价值。如此的组织方式，既回应了古典空间的统一性，又呈现一种多元并置、相互串接的关系，并期待产生新的空间关联。

　　这种多重性的功能使用和空间组织关系在巴黎拉维莱特公园的竞案中展现了更多的可能性。对此，雷姆·库哈斯（Rem Koolhaas）的设计竞案采用了功能并置的策略，每一空间条带都有自身的功能，展现相应的活动内容；不同条带之间则相互平行并列，没有任何事先明确规定的分隔或联系，而是同时展现（图6-12）。这也是对功能和空间的一种策划，铺设好各自的内容，并由这些活动自己去发生和呈现，彼此并行并期待产生新的关联。

　　类似的策略也应用在库哈斯的巴黎图书馆竞案中。得益于由电梯筒构成框架（这也是对多米诺结构的重新诠释），不同形态大大小小的特殊的功能体块彼此相互独立分离，犹如漂浮在密集书架构成的知识海洋中，并偶尔相互交叠和碰撞（图6-13）。

　　与此相对，屈米的拉维莱特公园竞赛提案（也是最终的实施方案）则采用了层叠的方法和策略，如上一讲所述，每一层分别应对不同的空间结构和功能内容：或为已有的各类活动区域

图6-12　库哈斯：拉维莱特公园方案　　图6-13　库哈斯：巴黎图书馆方案

（面），或为新设的服务设施布点（点阵），或为各类行为动线（线），各自遵循自身的活动和使用需求（图5-5）。这是一种更为放松的人群活动状态及其组织机制，相互自由独立。

对此，重新回应上一讲提出的问题：有没有统一的结构参照？对比17世纪法国国王的凡尔赛花园和20世纪末由巴黎屠宰场改建的拉维莱特公园，可以看到古典和当代所展现的不同倾向：或强调秩序和控制，或诉诸策略性和可能性；其背后对应了不同的社会组织、人物关系和活动状态。诚如屈米在拉维莱特公园竞案中所试图展示的那样：不同的结构关系对应了不同的历史、不同的活动内容和方式，它们各自展开——或规范控制，或自由放松，并相互叠合，由此通向新的活动及创造的可能。

注释

[1] 参见：朱剑飞 . 天朝沙场：清朝故宫及北京的政治空间构成纲要 [J]. 建筑师，1997（74）：101-112.

[2] John Hejduk and Roger Canon. Education of an Architect：A Point of View，the Cooper Union School of Art & Architecture[M]. New York：The Monacelli Press，1999：121.

[3] 参见，诸葛净 . 厅：身份、空间、城市——居住：从中国传统住宅到相关问题系列研究之一 [J]. 建筑师 . 2016（03）：72-79.

[4] 有关学院派构图中的"马赛克"（mosaic），即在平面图上增绘灰色区域及图案铺装等，常见的做法有给主要房间涂灰而留下空白的交通部分的；也有反其道行之，给交通及公共门厅等打上格子铺地的——总之，是为了更清晰地表达整体的设计构思和丰富的空间层次。参见，John F. Harbeson. The Study of Architectural Design[M]. The Pencil Point Press，1926：121-128.

[5] 有关功能关联引起更多对空间结构关系的理解，参见：朱雷 . 空间操作：现代建筑空间设计及教学研究基础与反思 [M]. 南京：东南大学出版社，2015：92-95.

[6] 有关将柯布的"新建筑五点"理解为新要素，参见：William J. Mitchell. The Logic of Architecture：design，computation，and cognition[M]. Cambridge，Mass：The MIT Press，1990：131.

有关"系统与构件"表达了两类不同的要素及其背后不同的空间关系，参见：朱雷 . 空间操作：现代建筑空间设计及教学研究基础与反思 [M]. 南京：东南大学出版社，2015：80-84.

[7] 参见：Dietmar Eberle. 9×9-a Method of Design：From City to House Continued[M]. Basel：Birkhäuser，2018.

第七讲
透明性与多重空间

上一讲最后以拉维莱特公园为例，展现了当代多重性的空间组织和创造性的活动关联。本讲所要讨论的"透明性"正是获得这类多重理解的一种方法，并重新回溯空间形式组织自身的问题，其缘起与现代艺术发展出来的新空间概念相关。

7.1 现代艺术对空间形式的发展

如果说拉斐尔的《雅典学园》（图 3-1）体现了文艺复兴的绘画和建筑，如同圆厅别墅，具有类似的空间组织模式，并以人眼角度的一点透视表达了统一的空间。与此相对，前述风格派所代表的现代绘画则与现代建筑紧密相关（图 4-1）。

7.1.1 现代艺术对画面空间的探讨

事实上，现代建筑确有很大一部分源于现代艺术领域发展出来的空间概念[1]，与此同时展开的另一个根本性的追溯则是对建筑学自身的反问：什么是建筑的核心问题？建筑不同于其他科学或艺术的本质是什么？正是在这样的追问下，如第一讲所述，森佩尔和施马尔松从不同角度溯源并提出了建筑空间问题。事实上，这种追问也正反映了现代科学和艺术的共同背景——即每个学科、每门艺术乃至于每一事物，都应追溯与反思自身存在的基础和价值，而不只依赖于模仿其他事物或表达其他含义。譬如蒙德里安的《红黄蓝》构图（图4-5），即表达了对绘画自身要素的溯源、抽象和重构。

现代艺术的发展可以追溯到立体主义。保罗·塞尚（Paul Cézanne）被称为"立体主义之父"，在其画作《圣维克多山》（图7-1）中，可以看到：既有透视的深度铺陈，也有画面（也就是画布自身）的平面化组织。回应之前的问题：绘画不仅是一种"模仿的艺术"——即绘画不仅模仿和表现三维空间的深度现实，也是在二维画面上的组织。因此，画面既有深度又是扁平的；既有地平面的延展，又有立面的叠合；风景既深远广阔、又宛若近在眼前。由此，对应现代摄影术的挑战，绘画不再只关注如何画得"像"，而是如赛尚毕生所追求——画出本质来。

作为成熟的立体主义绘画的代表，毕加索（Pable Picasso）的《阿勒尼斯》，描绘了同一人像的多个侧面（及正面）（图7-2）。"立体主义"（Cubism），顾名思义，似乎是用几何方块来描绘客观对象，反映了对现实世界的某种抽象——即不论现实世界如何复杂，都可以用基本的形式语言来重新理解和展现。这是立体主义的一个方面，开启了抽象绘画的先河。另一方面，立体主义的要点并不止于此——这跟接下来要讨论的同时性及透明性相关。

图 7-1 赛尚：《圣维克多山》

图 7-2 毕加索：《阿尼勒斯》

比如在毕加索这幅画作中，同一个人像具有多个侧面（及正面），包含着眼睛、鼻子、嘴巴等多个部位，以及所有这些部位不同侧面的多个特征，怎么把这些不同的部位、侧面和特征同时呈现出来，在同一张画面上，并且展开新的可能？

对此，现代绘画探讨了二维画面对三维（甚至四维）空间的重新

图 7-3　柯布西耶：《寂静的生活》

组织：可以呈现为更抽象的形式和要素组织，如同前述风格派绘画；也可以是具体现实对象的重新拼合，如同纯粹主义绘画（图 7-3）。

7.1.2　现代艺术与现代建筑

通过绘画语言对现实世界的抽象，也可以反过来影响甚至重新构想现实世界。对于风格派而言，蒙德里安只专注于二维画面；范·杜斯堡等人则试图将其影响扩展到三维现实世界，应用于建筑及家具（图 4-6、图 4-8、图 4-9）——尽管对于后者而言，从抽象观念到达具体现实还需要跨越较大的鸿沟，尤其是物质材料和结构技术方面。

包豪斯正是在这样一种现代艺术和技术的双重背景下，共同发展且相互结合的产物。以格罗皮乌斯设计的包豪斯校舍为代表，现代建筑理论家吉迪恩认为它完美地反映了现代艺术的时空观念，是立体主义绘画在建筑上的呈现（图 7-4）。[2]

确实，毕加索的绘画中有一系列的"块面"，彼此独立且相互作用，这一要素构成关系直接对应了风格派的作品，其影响也反映在包豪斯校舍上。除此之外，吉迪恩还提到另一个特性，即"同时性"：通过大面积透明玻璃材质的运用将内外打通，一眼可

图 7-4　格罗皮乌斯：包豪斯校舍

以从外到内看透出去，同时展现出多重界面或层次，如同毕加索的绘画，可以透过去看到好多张脸——但这并非全部。

7.2　两种透明性

　　但事实上，如果仔细观看，毕加索绘画中的透明性并不止于此。关于这一点，柯林·罗和罗伯特·斯拉茨基（Robert Slutzky）重新梳理现代建筑与艺术的空间概念，提出另外一个问题，即第二种透明性：这种透明性存在于毕加索的画作中，而在包豪斯校舍里却是缺席的。前述那种材料的透明两者都有——被称为第一种透明性，即字面的透明性。在毕加索的画作里，确有这种材料的透明性，也可以理解成颜料的透明性。但是另外还有一种透明性则非材料的透明——画面很多地方的颜料是不透明的，很多线和块面之间也不透明；但是同样一条线廓或一块眼睛、鼻子的部位既能被解读为这张脸的，又成为另一张脸的侧面边界，似乎是两张脸相互穿透叠合在一起，从不同的角度可以得到不同的理解，如同把它们想象成是彼此透明的——但这并非颜料（或皮肤）的透明，而是知觉或想象的透明。由此，在毕加索画作的"侧面空间构成中，通过汇集大大小小的形，提供了不同选择的交互解读的无限可能"。[3]

这一特征不同于包豪斯校舍的透明玻璃，一眼望穿——如同与此相关的机器美学及构成派绘画，以莫霍利·纳吉的画作为代表，透明的材料漂浮在深邃的自然主义空间中（图7-5）。[4]与之对比的则是法国画家费尔南德·莱热（Fernand Leger）的画作（图7-6），其画面非常扁平且密实，充满了多个不同的图形，相互重叠——相比于前者的"深空间"，后者被称为"浅空间"。[5]

所以，重新梳理立体主义以来的现代绘画，有一支发展为风格派、构成派，以纳吉为代表，其作品反映了字面的透明性，也就是材料的透明，对应的建筑是德国的包豪斯校舍[6]；另一支则发展为以莱热和纯粹主义为代表的绘画，反映了现象的透明性，或空间组织的透明，对应的则是法国建筑师柯布西耶的作品。

以柯布西耶的加歇别墅为例，从正面解读，可以看到一层层展开的关系（图7-7），类似于他的纯粹主义绘画，也如同毕加

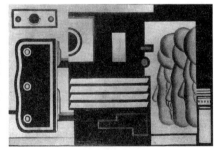

图7-5　莫霍里·纳吉：《萨尔河》　　图7-6　莱热：《三张脸》

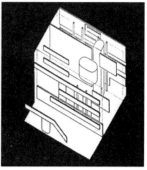

图 7-7 柯布西耶：加歇别墅

索绘画中隐藏在侧面空间构成中"可被交互解读的"多重可能。所以，在柯布的加歇别墅里，出现了一个空间层化体系——尽管实际上这个房子里几乎所有的材料都是不透明的，立面上的玻璃也非常黑，根本看不见里面；但是能够同时理解到前后多个空间的交叠，就好像一层层叠加并彼此透明，这即是所谓现象的（基于人的理解的）透明性，或称空间组织的透明。

这就是柯林·罗和斯拉茨合作提出的两种透明性——其中前者是建筑理论家，后者是艺术家，他们共同的工作连通了现代艺术和现代建筑的脉络，提出了一条从空间形式自身来认识现代建筑的线索。

7.3 透明、层叠与多重空间

接下来的问题是，为什么要讨论透明性，在空间形式自身的分析之外，还有什么意义呢？前面已经提出，如同立体主义绘画，想要同时呈现相互覆盖的不同内容或者彼此错开的多个侧面，所以采用透明叠加的方法：或为材料的透明，或为空间组织的透明——而后者的浅空间还同时维持着二维画面的自律性，由此也更加浓缩和致密，以在同一画面或空间中容纳更多的内容，并获得一种同时性呈现，进而催生新的可能。[7]

7.3.1 透明的形式组织作为一种设计工具

对于一般建筑设计而言，柯林·罗在德州的同事伯纳德·郝斯利（Bernard Hoesli）后来到了瑞士苏黎世理工（ETH）主持建筑基础教学，重新总结并提出将"透明作为一种设计工具：这个工具就跟过去用轴线叠加一样创造能够被理解的秩序。"[8] 并列举相关案例来说明如何利用透明性来解决不同方向、尺度间的矛盾（图 7-8）。

以此类推，无论是传统教堂中相互穿套的十字形平面，还是后现代建筑中常见的双重网格旋转交叠，都可以用广义的透明性来解释（图 7-9、图 7-10）。由此提供多种解释的可能，并进而可交由使用者来选择决定——这一点，甚至也部分呼应了同时代的结构主义思想。

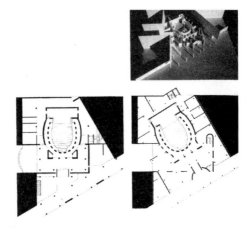

图 7-8 利用透明性解决建筑主体与外部街道的矛盾

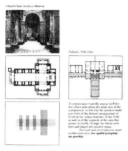  

图 7-9　传统教堂的透明性分析　　　　图 7-10　现代建筑中的网格交叠与透明性

7.3.2　透明、层叠作为应对矛盾的方法

郝斯利的解释或许过于泛化而试图成为一种通用方法。这种方法可用来应对更多元复杂的境遇，而这正是罗伯特·文丘里（Robert Venturi）所关心的。在《建筑的矛盾性与复杂性》中，文丘里指出建筑本身就是矛盾和复杂的（如同上述案例，永远有内部功能和外部场地等的不同需求）；如何能两者兼顾——还是只选择或强调单一方面而忽视另外一面？文丘里认为：应该让矛盾并存，因为这背后联结并呈现了建筑和人类社会的诸多本质，应该让每样事物都呈现出来——如同立体主义绘画所要的同时性展现，而非选取单一事物而将另一些事物掩盖掉。在此，文丘里提到层叠的方法，并进而说明：层叠其实可以看作是从立体主义的同时性和正统现代建筑中透明性的一种演变。[9]

提到层叠，则回到前两讲最后的讨论（图 5-5、图 6-11）。事实上，层叠和并置都是解决矛盾的不同方法。如同屈米和库哈斯的拉维莱特公园竞案，尽管库哈斯的提案与透明性看上去已无直接关联，但都是对多重空间的一种理解和探索。

7.3.3 多重空间

这一切背后都共同面对一个当代问题，正如代尔夫特大学建筑学院所编《设计与分析》一书所明确说明的那样："过去人们寻找唯一的真理，如今人们已经领悟到，一件事实可以从许多不同的角度来诠释。这一点完全表现在多元的社会里。……任何一个单一固定的建筑体系都令人厌恶，取而代之的是变化性、多样性、策略性等字眼。"[10]

这不仅是透明性背后的问题，也是现代社会以来的大时代背景。回应之前提到的单一性与多重性、规定性与模糊性等问题，透明性正是在这样背景下的一个专题性讨论：它不仅指向多重性的理解，以此叠合不同的片段，容纳更多的内涵；而且重溯了空间形式自身的潜力，探讨了更加浓缩、致密和高效的空间——压缩在同一画面或视线所对的正面图景上；进而透过人的理解，催生新的可能和无尽之解读。

注释

[1] 对于现代建筑的发展而言，与艺术相对的另外一个来源则是技术，诸如框架和多米诺体系。

[2] Sigfried Giedion. Space，Time and Architecture[M]，Cambridge，Mass.：Harvard University Press，fifth edition，1967：491–495.

[3] Colin Rowe and Robert Slutzky. *Transparency*[M]. Basel：Birkhauser，c1997：23–32.

[4] 莫霍里·纳吉为包豪斯基础设计的教师。也有后来的学者指出，纳吉的作评讨论的并不只是材料的透明，而有另一些关于材质、光影、空间以及运动的讨论，并不能因此贬低纳吉的作品。

[5] 同 [3]。

[6] 后来学者也指出，材料的透明性也是重要的，诸如密斯的一系列作品，前几讲讨论的"打开盒子"也首先与此相关，毕竟这是对透明性最基本的理解。而现象的透明不依赖于表皮的透明，而是丰富的内外空间关系在认知结构中的多重呈现，并把很多内容都能压缩到一个正面性的理解中，形成更致密的关并由此释放出多重可能。

[7] 透明性一文中讨论的"同时性"尚存争议，其基础是格式塔心理学的图底关系，但依据格式塔心理学原理，同一眼其实只能看到一张图；要重新去看（图底关系发生转换），才会有不同的解读。

[8] 参见郝斯利给《透明性》写的附录：Colin Rowe and Robert Slutzky. Transparency[M]. with a Commentary by Bern Hoesli and an Intro. by Werner Oechslin，trans. Jori Walker. Basel：Birkhauser，c1997.

[9] 罗伯特·文丘里.建筑的矛盾性与复杂性 [M]. 周卜颐，译. 北京：中国建筑工业出版社，1991：42.

[10] 伯纳德·卢本.设计与分析 [M]. 仲德崑等，编译. 天津：天津大学出版社，2003：62.

第八讲
再造人类生存环境

8.1 有通用空间吗？

回溯人类再造空间环境的历史和现实，有没有一种标准的、通用的空间，放之四海而皆准？这一问题背后是对某种抽象化，乃至国际式建筑的探索与反思。

相关问题在第二讲有关"房间的典范和标准"一节中提到，并通过不同时代和社会背景中空间与人及其使用状况的分析进行了阐释；进一步的讨论则涉及不同背景下的价值观，以及相应的生存和生活方式。那么，同处现代社会，共享人类文明发展和技术进步的成果，是否存在一种最优的，或统一的答案呢？

"多米诺"体系提出了一个基本单元及组装的思想（图 2-8）。对于柯布来说，它提供了一个最简约的基础以容纳更多自由变化的可能；而另一位现代主义大师密斯，则在他的后半生致力于发展一系列匀质的框架盒子，去除一切不必要的划分和变化，以提供某种"通用空间"（universal space）。

事实上，密斯早期的作品，如乡村砖住宅方案和巴塞罗那德国馆，体现出流动空间的概念，似乎与赖特的草原住宅相似，但这或许只是对某种特殊时刻或特殊问题的一个解答，一种转瞬即逝的状态；他最终止于一种更精简的架构，如范斯沃斯住宅（图8-1）及后期更多大量性的高层建筑（图8-3），空间更加均质并且也似乎更为"通用"。

在伊利诺理工学院建筑系的克朗楼（图8-2），密斯的做法是将柱子和梁尽量翻转到外面，以在内部得到一个最方整、最具水平性且最大化去除结构要素而无其他杂质影响的均质空间——除了必要的服务核及可灵活布置的展板隔断。

如果说克朗楼的影响仅限于建筑界和学术圈；那么，其大量的方盒子摩天楼，以芝加哥湖滨公寓和纽约西格拉姆大厦为代表

图8-1　密斯：范斯沃斯住宅

图8-2　密斯：克朗楼外观及室内

（图 8-3），并经由 SOM 这样的大型国际事务所的推动，形成了一套非常成熟的经验，由精密设计的核心筒加上简洁的框架构成，应用于大量商务性办公写字楼（图 8-4），伴随着国际资本的推波助澜，席卷了全世界。

与此相关的另一个问题，则是在第五讲提出的：有没有统一的结构参照？与方盒子相并行的，是现代主义常用的方格网体系，无论内部建筑结构还是外部城市空间，似乎提供了一种均质统一的参照。由此，方盒子加上方格网，几乎成为现代建筑的代言，指向一种更通用，或许也更抽象的空间——似乎适用一切场合。但今天看来，完全的抽象也许是一种幻象，并且更多为全球资本所利用和绑架，因为它提供了一种最便捷的可复制的生产方式，以抹平不同地区的特征和差异。对此，当代的一系列反思，既有从社会生产角度，对简化的抽象空间的批判[1]，也有从空间形式自身角度，对框架网格的多重理解。[2]

今天，重新看待密斯乃至柯布有关基本框架的认识，其中，固然有标准单元的简化，但需要指出的是：这种简化是为了得到

图 8-3　密斯：西格拉姆大厦　　图 8-4　芝加哥建筑学会展厅陈列的城市模型

更多的自由度和可能性，由此方能理解柯布的自由平面，以及密斯从流动空间向均质空间的发展。在此，需要指出的是：均质并不等同于平均，它尽量去除和简化不必要的限定要素，其目标是为了通向更多自由创造的可能，由此体现对每一个体、每一处空间，乃至每一时刻的尊重，绝非简单的平均主义，更非千篇一律。

对此，柯布曾援引"酒瓶架"的概念，展现一个相对稳定统一的框架如何容纳颇具变化的内容（酒瓶）。诸如马赛公寓，容纳了 24 种不同的户型单元（图 8-5）。其后的结构主义也继续发展了类似的思想，并试图将更多的可能性留给使用者。

回到对多米诺体系的讨论，当代日本建筑师伊东丰雄在仙台媒体艺术中心设计中，采用了通透编织的结构筒体，并将诸多服务功能整合其中——所有垂直方向的联系：交通、重力、光线、设施管线等都整合在半透明的筒体中，而留下纯粹自由的水平空间，位于不同层高的楼面和天花之间。与此相应，空间功能也完全根据不同楼层进行垂直分区，每个楼层内部则保留最大的流动

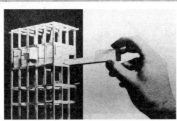

图 8-5　柯布西耶："酒瓶架"与马赛公寓户型单元

图 8-6　伊东丰雄：仙台媒体中心

性，布置灵活多变的家具，支持人的自由活动和使用（图 8-6）。

不同于多米诺体系的正交网格，在这个水平流动的空间中，散布的筒体结构是不均质的，因此，这个水平延展的空间既更为自由（取消了楼梯），又处处具有特质而不相互重复（突破了均一性）。对此，伊东宣称，终于实现了多米诺体系想要而尚未达成的自由空间。

与此呼应，伊东的另一个代表作品，多摩美术大学图书馆，则因应场地环境选用了变形的拱券系统，重新引入部分垂直性的（甚至是某种纪念性的）空间限定并带来一定的场所感；但又留出水平方向的延展及家具布置的自由，由此激发身体的敏感性，实现了统一架构下每处空间的变化乃至创造的可能（图 3-10）。正如他在最近的思考中提出的：建筑应该回归地方和身体。

8.2　中国式的解决方案？——以院宅为例

谈到地方性，首先回到我们自己的问题。今天中国各座城市，也充斥着各类大大小小的方盒子乃至国际式的摩天楼。如何学习、理解并反思现代建筑仍是一个主要问题。但另一方面，在现代建筑脉络之外，有没有所谓的中国式的建筑传统？或者说，有没有中国建筑空间特定的问题与和方法，并以此重新理解和反思现代建筑的抽象空间问题？

对于理论话语来说，这是一个宏大的话题，需要长期关注、积累和探讨。在此，不妨以我们曾关注过的中国传统院宅为例，来做确切地分析和思考：在这里，有没有一个标准的单元房间，或者是一个统一的结构呢？

8.2.1　整体性的空间结构

对于传统院宅而言，如果说一定要有单元的话，这个单元并不只是房子或房间，而是包含了院子，这才是一个完整的单元（图 8-7）。这一点，不同于多米诺与雪铁龙住宅——院宅单元自身就已经构成一个内外相合的完整环境。

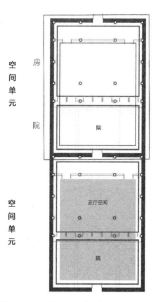

图 8-7　院宅：基本单元平面分析

一般认为，中国建筑并不全以单一体量取胜，而倾向于在平面上展开群体关系——无论是简朴的民间院宅还是恢弘的北京故宫。也就是说，不太容易把它认知为一个清晰的物体对象，从外部去把握它；而是要走进去，身处其中——在各种空间关联中，去感知和理解。

这一理解背后有一种整体性的空间结构，对于院宅而言，这个空间结构跟家庭结构乃至家族传承相关。总体来说，对个别房间或个人身份的关注远远比不上某种整体关系、共同的生活方式和家族礼仪传承。它首先是一种群体结构，在总平面上，呈现为由院和宅共同构成的虚实相间的整体（图 8-8）。

在这个群体关系里，比较突出的是空间的秩序、层次和分类（图 8-9），包括区分"正与侧"，"前与后"，"主"与"次"；同时也区分了公共与私密，以及服务空间等。[3] 其中似乎有一种普遍的类型和方法，突出整体的礼仪性和层级关系，而无过多个性表达，除非局部一些特例：比如甘熙故居西跨院中特设的书房庭院，偏离了主轴，在整体空间中获得了一处相对独立且颇具特色的所

图 8-8　甘熙故居总平面（涂黑的部分为院子）　　图 8-9　甘熙故居主体部分底层平面

图 8-10 甘熙故居书房庭院

在（图 8-10）；再者，如果还有可能的话，更多的个性表达可以在花园里实现——在园林中，每个房子都不会重复。

8.2.2 基本要素与系统构成

回到院宅，如果进一步深入考察平面与剖面，则会发现，这种虚实构成并不止于院与宅的相互限定——事实上，院宅这种居住类型遍布全世界；之于它的进一步理解，还需要深入到不同界面的开放与封闭，具体的构件组织乃至于材料营造，才会获得对不同国家和地区建筑空间传统更为确切的理解。

比如：墙、柱、地面、屋顶这些基本要素各自都完成了什么事情，又怎么组织在一起，最终组合的结果是一个房间或房子，还是包含房与院在内的整体结构？

回归基本要素及其空间构成，这种方法曾启发现代主义早期的风格派，用来打破房间，重新获得内外空间连续流动的可能。而柯布的多米诺框架与新建筑五点则提供了另一条线索，展现了多个系统的叠合，同样突破了传统学院派的构图原理，不再只是个别构件的拼装和房间体量的组合，而是骨架、外壳、自由平面，乃至"漫步建筑"（动线）等整体性要素或系统的分解和重组。

和风格派纯粹抽象的要素构成不同，柯布的各类要素都指向特定的功能或含义：比如框架作为结构支撑，自由平面意味着不同使用需求和特征的房间，自由立面是展现于外部环境中的表皮，屋顶花园则是建筑与天空的交接，等等；并且，这类要素往往不只是个别独立的构件（比如传统的门、窗、墙体、地板等），而是贯穿整个建筑的关联性系统（图6-6）。[4]

在现代建筑的讨论中，关于要素及其含义的探讨，可以追溯到森佩尔的"建筑四要素"：将材料技艺、建筑要素与目的动机关联起来。尽管他所援引的案例是加勒比地区的原始棚屋，但所展现的基本空间问题和物质材料的关联却具有根本性的启发意义。

与此相对照，对中国传统建筑如果不只是从房子和院子这个层次来考察，而是深入到材料、要素及其背后的含义，有可能提供更确切、深入的理解吗？[5]

在宋代李诫编写的《营造法式》中，对传统建筑的建造方法和工料进行了细致的分解，其所依据的便是不同的工种（技艺）和材料。由此产生的一个问题或假设则是：这种材料工法的划分是不是也跟某种特定要素相关？进而这些特定要素和材料是不是跟某些特定目的相关？尽管《营造法式》并未直接讨论建筑要素及其背后的含义，却提供了一个考察的基础，从材料工艺出发，重新理解传统要素——既不同于西方学院派的构图组合，也不同于现代主义的抽象要素,而试图回归"材料—要素—动机（含义）"三者间的基本关联，以此重新理解传统建筑内在的物质构成和空间意义（图8-11）。

以大木作为例，对中国传统建筑而言，它当然要完成屋顶的覆盖，如同森佩尔的分析一样；但它仅仅是为了完成覆盖吗？如此并不能解释为什么会出现结构上并不完美的抬梁式，并且越是重要的空间越不完全遵从结构的合理性。事实上，它同时还要完

图 8-11　南京愚园铭泽堂：院宅要素类型与系统构成

成一个架构，不只是垂直高度上的覆盖，甚至也不仅仅是为了与天空交接（这部分还可以进一步从瓦作来考察），还是对平面宽度和深度的界定，对应着开间和进深的表达。也就是说，大木作不只是单纯的物质结构，还要转化成一个空间架构，逐级展现空间高度、深度和宽度上的层次序列，并进而和小木作及家具装饰等相对应，如此方能理解这样特殊的结构方式，进而才会欣赏横跨主厅的巨大月梁及至其上的精美雕饰。

与此相对，小木作主要用于空间围护和分隔，并且往往无需刻意区分外部的围护门扇和内部的屏障隔断，它们均可在一定程度上实现灵活的开合和分隔，由此也促成了"房—院"空间的相互融合。固然，大、小木作之间存在着相互对应衔接的部分，共同完成空间限定，但小木作更多与人的身体尺度和使用状态相关，也更多与家具相连，提供了进一步变化的可能，诸如可开合的门扇、屏风隔断，乃至诸多花格样式及个性表达。

如果说，小木作更多是用来灵活分隔和联系的，那么，在传统院宅中，是通过什么来完成最重要的边界围护呢？其实，最主要的并不是小木作的门窗和隔板，而是墙：砖墙、石墙甚至土墙。这是另一类要素，对于传统院宅而言，所谓高墙大院——墙体和院落构成一个完整的系统，包裹了房间及庭院，共同应对外部环境，限定出一个容纳自然要素在内的完整单位，形成诸如：一房一院（前院）、一房两院（前后院）、两房一院（二合院）以及三合院、四合院等等基本类型。徽州民居的马头山墙即是这样一个例子：通过墙体高低错落的水平线条，完美融合了水平院墙和举折的屋顶，形成连续一体的围合系统[6]，展现于外部环境中，具有很高的完整性和清晰的辨识度。

在这里，墙体一般不用来承担屋顶的重量，如同森佩尔对墙体围合功能的定义那样，而是专注于空间单元的限定。但这个空间单元又不同于森佩尔的原始茅屋，墙体往往从房间延伸到院子，如同现代建筑大师赖特与密斯所发展出来的要素延伸，继而促成内外空间的连续流动。在此之外，墙体，连同另一个基本要素——基座，还共同完成了院宅自身的定位。[7]《营造法式》中的"壕寨制度"里，在讨论基座和墙体之初，第一个要点还不在于承托和围合，而是取正和定平，以提供一个基准，共同在外部自然或城市环境中稳固地界定出自身方位，由此再造一个内部生活世界，连同大、小木作等一起，构筑起中国传统的生活模式和空间类型。[8]

由此，从物质角度考察不同的要素构成，并联系其动机和目的，提供了对传统院宅更为深入细致的理解。在这里，这些要素并不只是个别的建筑构件——如西方学院派所总结那样；而更像是一套系统，各有分工并分别应对不同的目标及含义。不同要素或系统之间，或相互吻合，或交错层叠，展开多种可能性，构成一个个虚实相间、开合有致的空间单元——这个单元不是单纯的房间或建筑单体，也不只是房间加上院子，而是一整套体系。以此，从要素层面，重新理解中国传统建筑空间的整体特征及构成机制，一方面重新回应了森佩尔的四要素之说，建立起"材料—要素—动机"的内在关联；另一方面，则打破了单体房屋构件拼装的思路，展现出多重体系的层叠式构成，犹如柯布新建筑五点所展现的系统分解和重组（图6-6）——尽管其外形和内部空间都完全迥异。[9]

8.2.3　意义表达与空间叙事

当然，除了相对固定的物质构成，中国传统空间中还有一整套相对灵活可变的要素，在稳定的生活和空间模式之外，提供一定的自由，譬如室内家具和庭院花木等，用来表达具体生活内容和人物情趣。其中一些重要家具，也会和上述主要空间要素——尤其是大、小木作形成的空间架构和分隔体系具有较强的对应关系。

在此之外，传统院宅中还有着非常强大的非物质（或修饰性）要素及相关的意义表达系统。比如充斥于四壁的书画、题铭、乃至门头雕饰等（图3-3、图8-12）。这些修饰性要素直接表达了各类含义，其位置和尺度往往呼应着建筑的整体空间关系；但其内容却打开了另一个意义的世界，具有更大的自由。

总的来说，一个好的题铭或画作，其主题往往与其所处的空间环境或生活内容颇具关联。诸如"清风堂"，顾名思义，建筑与周边环境应是开阔通畅的；友恭厅，则是彰显家族仪式之处；等等。如此看来，这些非物质要素一部分与真实的空间环境或生活相关；另一部分则是对真实环境和生活的象征或升华。

对于传统院宅而言，这部分往往也提供了抒发个性特征的可能，在统一的空间形制和模式之下，增添了另一重解读。反过来看，这些题铭也揭示了生活空间的意义。如果仔细观察分析的话，可以发现：题铭之处，往往也是重要的视觉焦点或空间的转换门槛，恰到好处地用来引导人们，告诉人们该如何行进、观看、驻留、转折乃至相遇，由此展现一种内在的连续的生活场景。比如位于扩大的门头上的雕饰，不仅提示了重要的空间节点及场景转换，也恰到好处地调节了视线高度及与之相应的空间尺度；从而不只是供人通行和驻留，并与庭院的整体空间环境息息相关（图8-13）。

图8-12 南京愚园铭泽堂内院门楼

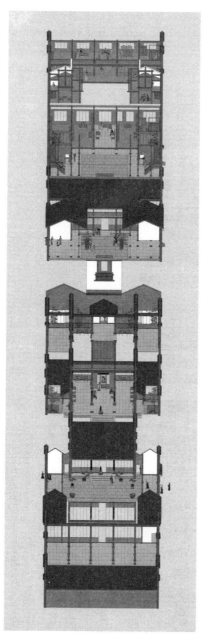

图 8-13 南京愚园铭泽堂：院宅正面展开与叠合

　　基于这样的假设，借鉴叙事的方法重新认识院宅空间，可以清楚地展现和体验其所具有的方位感、正面性、层次性等空间序列（图8-12）：诸如高耸的屋宇、恢弘的大木架构、精致的小木门扇以及端正的中堂屏障等，如何共同构成一幅幅"正面"形象，并层层叠加，如同现代绘画中的透明层叠及同时性呈现；而不同方位的空间又是如何通过门洞、题铭的提示，前后翻转、左右互通、步步深入、甚至别开洞天，如同观看一副中国古代长卷。

　　由此也可以更细致地理解传统的空间构成，从物质要素深入人的内心感受。引导我们打破固有的抽象模式，回归真实的物质肌理和生活内容，并由此展现不同层次上的丰富含义。反观今日之现状，如前所述，抽象或通用空间只应对了一部分现代功能和技术问题，并非放之四海而皆准，更非简单的平均主义；那么，面对越来越多元复杂的现实境遇及不平衡的发展需求，该如何重新看待传统并思考未来？

8.3　回归现实与重塑未来

　　最为确切的基点还是回到现实：因为传统已经融汇在现实中——这是对传统的灵活理解，而非僵硬的倒退；另一方面，未来也正是在现实中不断反思和发展出来的。

　　当然，回到现实并不只是屈从或受限于现实，而是基于真实的问题，面向新的际遇和可能，重新思考和创造。仍以院宅为例，在东南大学建筑学院，作为本科二年级建筑设计入门的第一个教案，从2005年开始以"院宅设计"取代了原先的"方盒子"练习，尝试将现代建筑的抽象空间原型置于中国城市之现实环境，这不仅是对现代主义"方盒子"问题的转化，也使初学者直接面对真

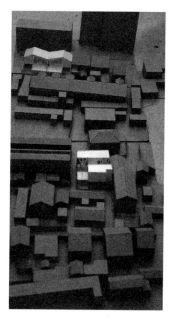

图 8-14 置于现实环境的院宅设计

实环境（尽管院墙的限定也部分简化了外部环境的复杂性），以此作为感知和思考的起点，重新构想当代生活空间（图 8-14）。[10]

从现实环境及自身感知出发，这是一个重要的起点。对于今天的初学者而言，大量的信息资料源自于互联网图片，这固然可以激发感知想象；但第一手的感知体认还是来自于现实环境；或者再进一步，源于自身的经验和感受。[11]

这是一个非常朴素的案例（图 8-15），源自于设计者对儿时乡村生活的场院的记忆：大人的生活劳作和儿童玩乐融于一处，简朴却生动。设计的开始似乎是将乡村的场景直接置入城市：底层留出大院子种菜，二层设置一圈阳台外廊。问题是：城市中的外部场地相对紧凑，也更逼近街坊邻居；内部空间也要求更细致的功能分化和设施配置。应对这些问题，下一步发展引入外廊对

图8-15 院宅设计（设计：吴康楠，指导：朱雷）

场院进行分化和过渡；厨房作为日常生活的重要场所，介于入口庭院、外廊和客厅之间，第一时间招呼家人回家；转角则形成一处角亭，局部对街道敞开——养花种菜的间隙，可在此休憩并向街坊展示交流其劳作成果。与连续开敞的外部庭院环境相对，建筑主体采取简洁紧凑的体量，并进一步分化出立体化流线和空间配置，包括错动的夹层工作室，以及局部通高的小餐厅，打通上下楼层并引入光线，以满足现代城市家庭所需的诸多功能。由此，设计从儿时记忆出发，保留了某田园气息，但又应对了当代城市环境和生活方式，将原有的记忆接入现实，重新构想新的空间场景。

回归现实的创造，也再次回应了第一讲提出的问题：空间何为？何为空间？它既是一种现实的物质载体——或为容器，或为架构，承载和容纳我们的生活；又是一种抽象的意识架构——或为历史、或为未来，诉诸我们的思想观念。正是在这样的境遇下，我们存乎其中并不断再造。这一过程也正是空间设计和创造活动的内在动力和机制，即使不确定最终的结果或答案，创造活动本身已包含了这样的价值：它来源于现实生活，又被不断重新认识、反思、构想和再造。也正是这一始终进行着的创造性活动，不断造就了人类自身之存在以及足可期待的未来。

注释

[1] 对当代对抽象空间的批判，有从社会生产角度的，以亨利·列斐伏尔（Henri Lefebvre）的"空间生产"为代表；也有从场所精神及存在主义角度出发的，如加斯东·巴什拉（Caston Bachelard）的"空间诗学"，乃至马丁·海德格尔（Martin Heidegger）的存在哲学。

[2] 包括结构主义及后结构主义的一系列反思和重新理解，譬如屈米对统一架构的质疑，以及埃森曼对多米诺结构的重新解读，可参见本书第五讲中有关"统一与多重"一节的内容。

[3] 东南大学诸葛净在对《金瓶梅》中家庭结构、活动与住宅空间结构的关系的研究中，还提出了传统院宅中对女性空间的限制，参见：诸葛净. 上房：性别空间与私的概念——居住：从中国传统城市住宅到相关问题系列研究之三 [J]. 建筑师，2016（05）：90–96.

[4] 参见本书第六讲中关于"专门化的功能分工：高效的关联系统"一节的内容。

[5] 森佩尔在对建筑四要素的讨论中，特别提到中国传统建筑：认为其具有更清晰的要素分离；而其中的内部隔墙明确与结构分离，并且也与外部厚重的实体墙体分离，成为独立的要素。不过森佩尔关注的主要是构成建筑单体的各类要素的独立性和清晰性，如同他书中所引用的中国建筑图画，主要反映了建筑单体的外立面轮廓。本书所要分析的院宅中各类要素相互分离叠合，共同构成住宅和庭院之整体关联，森佩尔并未提及。参见：Gottfried Semper. The Four Elements of Architecture and Other Writings[M]. Trans. Harry Francis Mallgrave，Wolfgang Herrmann. Cambridge：Cambridge University Press，1989：107.

[6] 这个系统除了空间场所的限定之外，往往也具有真实的物质性防护作用：比如防火、防盗等。

[7] 在森佩尔的理论中，墙体源自于编织物，可部分比照中国传统建筑的小木作；而另一类实体砌筑的墙，则认为是和台基一起发展起来的，这一点，也可与中国传统建筑的基座及院墙相比照。参加：Gottfried Semper. The Four Elements of Architecture and Other Writings[M]. Trans. Harry Francis Mallgrave，Wolfgang Herrmann. Cambridge：Cambridge University Press，1989：103.

[8] 李诚 编修 . 营造法式 [M]. 北京：商务印书馆，1954：51–56.

[9] 有关两类要素的理解：一类是独立的、分立的构件，另一类是整体的、关联的系统，参见著者相关研究：朱雷 . 空间操作：现代建筑空间设计及教学研究基础与反思（第二版）[M]. 南京：东南大学出版社，2015：80–84.

[10] 参见：朱雷 . 从方盒子到院宅设计：建筑空间设计基础教案研究 [J]. 新建筑 2013（1）：15–20.

[11] 参见：朱雷 . "院宅"设计：从生活感知开始的建筑空间设计入门 [J]. 建筑学报 2019（04）：106–109.

图片来源

第一讲

图 1-1~ 图 1-3、图 1-7：作者自摄

图 1-4：阮馨瑶　拍摄

图 1-5：Maxime Du Camp. Egypt，Nubia，Palestine and Syria：Photographic Pictures Collected During the Years 1849，1850，and 1851[M]. E. Gambart & Company，1852.

图 1-6：Michael Merrill. Louis Kahn：On the Thoughtful Making of Spaces：the Dominican Motherhouse and a Modern Culture of Space[M]. Zürich：Lars Müller，2010.

图 1-8：Nostalghia（Film）. Tarkovsky，Andrei（Director），1983.Soviet Union，Italy.

第二讲

图 2-1：戴维·B·布朗宁路，戴维·G·德·龙. 易斯·I·康：在建筑的王国中 [M]. 马琴，译. 北京：中国建筑工业出版社，2004.

图 2-2：香山寿夫. 建筑意匠十二讲 [M]. 宁晶，译. 北京：中国建筑工业出版社，2006.

图 2-3、图 2-4：Douglas Graf. Diagrams[J]. Perspecta 22（1986），42-71.

图 2-5：Gottfried Semper. The Four Elements of Architecture and Other Writings[M]. trans. Harry Francis Mallgrave and Wolfgang Herrmann. New York：Cambridge Uniiversity Press，1989.

图 2-6：Leslie Van Duzer & Kent Kleinman. Villa Müller：A Work of Adolf Loos[M]. New York：Princeton University Press，c1994.

图 2-7：意大利画家、建筑家乔瓦尼·保罗·帕尼尼（Giovanni Paolo Panini，Roman，1691-1765）绘制，约公元 130 年，《罗马万神庙内部》（Interior of the Pantheon），华盛顿国家美术馆（National Gallery of Art）官方网站公开藏品：https：//www.nga.gov/collection/art-object-page.165.html.

图 2-8~ 图 2-11：W·博奥席耶编著. 勒·柯布西耶全集 [M]. 第 1 卷. 牛燕芳，程超，译. 北京：中国建筑工业出版社，2005.

图 2-12：罗宾·米德尔顿，戴维·沃特金. 新古典主义与 19 世纪建筑 [M]. 邹晓玲等，译. 北京：中国建筑工业出版社，2000.

图 2-13：勒·柯布西耶. 走向新建筑 [M]. 陈志华，译. 西安：陕西师范大学出版社，2004.

图 2-14：Colin Rowe，The Mathematics of the Ideal Villa and Other Essays[M]. Cambridge，Mass.：The MIT Press，1976.

第三讲

图 3-1：《雅典学院》是意大利画家拉斐尔·桑西于 1510~1511 年创作的一幅壁画作品，现收藏于梵蒂冈博物馆：https：//en.wikipedia.org/wiki/The_School_of_Athens#/media/File：%22The_School_of_Athens%22_by_Raffaello_Sanzio_da_Urbino.jpg

图 3-2、图 3-3：作者自摄

图 3-4：Jurgen Joedicke，Space and Form in Architecture[M]. Stuttgart：Karl Kramer Verlag，1985.

图 3-5：罗宾·埃文斯. 人物、门、通道 [M]// 罗宾·埃文斯. 从绘图到建筑物的翻译及其他文章. 北京：中国建筑工业出版社，2018：38-65.

图 3-6、图 3-7：Francis D.K. Ching. Interior Design Illustrated[M].New York：Van Nostrand Reinhold，1987.

图 3-8：William J. Mitchell，The Logic of Architecture：Design，Computation，and Cognition[M]. Cambridge，Mass.：The MIT Press，1990.

图 3-9：赫曼·赫兹伯格. 建筑学教程：设计原理 [M]. 仲德崑，译. 天津：天津大学出版社，2003

图 3-10：https：//www.arch2o.com/tama-art-university-library-toyo-ito-associates/

第四讲

图 4-1、图 4-6：Paul Overy. De Stijl[M]. London：Thames and Hudson，c1991.

图 4-2：东南大学建筑设计课程练习，作者指导整理

图 4-3、图 4-13：作者自摄

图 4-4：Jurgen Joedicke. Space and Form in Architecture[M]. Stuttgart：Karl Kramer Verlag，1985.

图 4-5：《红、蓝、黄组合》（Composition with Red Blue and Yellow）：彼埃·蒙德里安，塞尔维亚国家博物馆（National Museum of Serbia）官方网站公开藏品：http：//www.narodnimuzej.rs/wp-content/uploads/2018/06/Pit-Mondrijan-Kompozitsija-II-1929.jpg

图 4-7：Franz Schulze，ed. Mies van Der Rohe：Critical Essays[M]. New York：Museum of Modern Art，c1989.

图 4-8：https：//www.kirklandmuseum.org/collections/work/red-blue-armchair/

图 4-9：Richard Weston. Materials，Form and Architecture[M]. New Haven，CT：Yale University Press，2003.

图 4-10：瓦西里·康定斯基. 康定斯基论点线面 [M]. 罗世平等译. 北京：中国人民大学出版社，2003.

图 4-11：Colin Rowe and Robert Slutzky. Transparency[M]. with a Commentary by Bern Hoesli and an Intro. by Werner Oechslin，trans. Jori Walker. Basel；Boston；Berlin：Birkh user，1997.

图 4-12：Adrian Forty. Words and Buildings：A Vocabulary of Modern

Architecture[M]. New York: Thames & Hudson, 2000.

图 4-14: Cornelis Van de Ven. Space in Architecture[M]. Assen, The Netherlands: Van Gorcum, third revised edition, 1987.

第五讲

图 5-1: Jean-Nicolas-Louis Durand. Precis of the Lectures on Architecture with Graphic Portion of the Lectures on Architecture[M]. Trans. David Britt. Los Angeles, CA: The Getty Research Institute, 2000.

图 5-2: 达拉斯艺术博物馆(Dallas Museum of Art)官方网站公开藏品: https://collections.dma.org/artwork/5326328.

图 5-3: Rudolf Wittkower. *Architectural Principle: in the Age of Humanism*[M]. London: Academy Edition, 1988.

图 5-4: Rafael Moneo. *The Work of John Heduck or the Passion to Teach*. Lotus international 27 (1980 Ⅰ/Ⅱ): 65-85.

图 5-5: Bernard Tschumi. An Urban Park for the 21st. Century. in Paris 1979-1989, coordinated by Sabine Fachard[M]. trans. Bert McClure.New York: Rizzoli International Publications, 1988.

图 5-6: 程大锦. 建筑: 形式、空间和秩序 [M]. 刘丛红译. 天津: 天津大学出版社, 2005.

图 5-7: Bernard Leupen % etc.. Design and Analysis[M]. New York: Van Nostrand Reinhold, 1997.

图 5-8: *Eisenman Architects: Selected and Current Works*[M]. Mulgrave, Australia: The Image Publishing Group Pty Ltd., 1995.

图 5-9: Michael Dennis. Court and Garden: From the French Hôtel to the City of Modern Architecture[M]. The MIT Press, 1988.

第六讲

图 6-1: William J. Mitchell. The Logic of Architecture: Design, Computation, and Cognition[M]. Cambridge, Mass: The MIT Press, 1990.

图 6-2: Rafael Moneo. *The Work of John Heduck or the Passion to Teach*[J]. Lotus international 27 (1980 Ⅰ/Ⅱ), 65-85.

图 6-3、 图 6-4: Howard Robertson. Architectural Composition[M]. London: The Architectural Press, 1924.

图 6-5: Francis D.K. Ching. Building Construction Illustration[M]. New York: Van Nostrand Reinhold, 1975.

图 6-6: 程大锦. 建筑: 形式、空间和秩序 [M]. 刘丛红, 译. 天津: 天津大学出版社, 2005.

图 6-7: Sigfried Giedion. Space, Time and Architecture[M]. Cambridge, Mass.: Harvard University Press, fifth edition, 1967.

图 6-8: 保罗·拉索. 图解思考: 建筑表现技法(第3版)[M].邱贤丰等, 译.

北京：中国建筑工业出版社，2002.
图 6-9：Wim J. van Heuvel. Structuralism in Dutch Architecture[M]. Rotterdam：Uitgeverij 010 Publishers，1992.
图 6-10：东南大学建筑设计基础教研组教案材料，作者指导整理
图 6-11：作者自摄
图 6-12、图 6-13：EL Croquis 53+79：OMA/Rem Koolhaas 1987-1998. Spain：EL croquis editorial，1998.

第七讲
图 7-1：《圣维克多山》：塞尚，费城艺术博物馆官方网站公开藏品：https：//www.philamuseum.org/collections/permanent/102997.html
图 7-2：《阿尼勒斯》（阿莱城的姑娘）：毕加索，W·P·克莱斯勒藏品，纽约.
图 7-3、图 7-5~ 图 7-10：Colin Rowe and Robert Slutzky. Transparency [M]. with a Commentary by Bern Hoesli and an Intro. by Werner Oechslin，trans. Jori Walker. Basel；Boston；Berlin：Birkh user，1997.
图 7-4：Sigfried Giedion. Space，Time and Architecture[M]. Cambridge，Mass：Harvard University Press，fifth edition，1967.

第八讲
图 8-1~ 图 8-4、图 8-6、图 8-10、图 8-11：作者自摄
图 8-5：W·博奥席耶编著. 勒·柯布西耶全集 [M]. 第 4~5 卷. 牛燕芳，程超，译. 北京：中国建筑工业出版社，2005
图 8-7~ 图 8-9：东南大学建筑设计教研组教案材料，作者整理
图 8-12、图 8-13：东南大学研究生助教祁恬绘制，作者指导
图 8-14：东南大学建筑设计课程练习，作者拍摄整理
图 8-15：东南大学建筑设计课程练习，设计：吴康楠，作者指导及整理

参考文献

外文文献：

[1] Gottfried Semper. The Four Elements of Architecture and Other Writings[M]. trans. Harry Francis Mallgrave and Wolfgang Herrmann[M]. New York: Cambridge University Press，1980.

[2] Adrian Forty. Words and Buildings: A Vocabulary of Modern Architecture[M]. New York: Thames & Hudson，2000.

[3] Douglas Graf，Diagrams[J]. Perspecta 22（1986），42-71.

[4] Loos Adolf. The Principle of Cladding[M] // Adolf Loos. On Architecture，Studies in Austrian Literature，Culture & Thought. Trans by Micheal Mitchell. Vienna: Ariadne Press，2002.

[5] Sigfried Giedion. Space，Time and Architecture[M]. Cambridge，Mass.: Harvard University Press，fifth edition，1967.

[6] Colin Rowe. The Mathematics of the Ideal Villa and Other Essays[M]. Cambridge，Massachusetts: the MIT Press，1976.

[7] William J. Mitchell. The Logic of Architecture: Design，Computation，and Cognition[M]. Cambridge，Mass: The MIT Press，1990.

[8] Alexander Caragonne，The Texas Rangers: Notes from an Architectural Underground[M]. Cambridge，Mass.: The MIT Press，1994.

[9] Peter Eisenman，Aspects of Modernism: Maison Domino and Self-Reference Sign. In: K. Michael Hays，ed.，Oppositions Reader: Selected Readings from A Journal for Ideas and Criticism in Architecture，1973-1984[M]. New York: Princeton Architectural Press，c1998.

[10] Michael Dennis. Court and Garden: From the French Hôtel to the City of Modern Architecture[M]. The MIT Press，1988.

[11] John Hejduk and Roger Canon. Education of an Architect: A Point of View，the Cooper Union School of Art & Architecture[M]. New York: The Monacelli Press，1999.

[12] John F. Harbeson. The Study of Architectural Design[M]. The Pencil Point Press，1926.

[13] William J. Mitchell. The Logic of Architecture: design，computation，and cognition[M]. Cambridge，Mass: The MIT Press，1990.

[14] Dietmar Eberle.9×9-a Method of Design: From City to House Continued[M]. Basel: Birkhäuser，2018.

[15] Colin Rowe and Robert Slutzky. Transparency[M]. Basel: Birkhauser，c1997.

[16] Colin Rowe and Robert Slutzky. Transparency[M]. with a Commentary

by Bern Hoesli and an Intro. by Werner Oechslin, trans. Jori Walker. Basel: Birkhauser, c1997.

[17] Michael Merrill. Louis Kahn: On the Thoughtful Making of Spaces: the Dominican Motherhouse and a Modern Culture of Space[M]. Zürich: Lars Müller, 2010.

[18] Leslie Van Duzer & Kent Kleinman. Villa Müller: A Work of Adolf Loos[M]. New York: Princeton University Press, c1994.

[19] Colin Rowe, The Mathematics of the Ideal Villa and Other Essays[M]. Cambridge, Mass: The MIT Press, 1976.

[20] Jurgen Joedicke, Space and Form in Architecture[M]. Stuttgart: Karl Kramer Verlag, 1985.

[21] Francis D.K. Ching. Interior Design（Ill）ustrated[M]. New York: Van Nostrand Reinhold, 1987.

[22] Franz Schulze, ed. Mies van Der Rohe: Critical Essays[M]. New York: Museum of Modern Art, c1989.

[23] Richard Weston. Materials, Form and Architecture[M]. New Haven, CT: Yale University Press, 2003.

[24] Cornelis Van de Ven. Space in Architecture[M]. Assen, The Netherlands: Van Gorcum, third revised edition, 1987.

[25] Jean-Nicolas-Louis Durand. Precis of the Lectures on Architecture with Graphic Portion of the Lectures on Architecture[M]. Trans. David Britt. Los Angeles, CA: The Getty Research Institute, 2000.

[26] Rudolf Wittkower. Architectural Principle: in the Age of Humanism[M]. London: Academy Edition, 1988.

[27] Rafael Moneo. The Work of John Heduck or the Passion to Teach. Lotus international 27（1980 I II）.

[28] Bernard Tschumi. An Urban Park for the 21st. Century. in Paris 1979–1989, coordinated by Sabine Fachard[M]. trans. Bert McClure.（New York: Rizzoli International Publications, 1988.

[29] Peter Eisenman Architects: Selected and Current Works[M]. Mulgrave, Australia: The Image Publishing Group Pty Ltd., 1995.

[30] Howard Robertson. Architectural Composition[M]. London: The Architectural Press, 1924.

[31] Francis D.K. Ching. Building Construction（Ill）ustration[M]. New York: Van Nostrand Reinhold, 1975.

[32] Wim J. van Heuvel. Structuralism in Dutch Architecture[M]. Rotter-dam: Uitgeverij 010 Publishers, 1992.

[33] EL Croquis 53+79: OMA/Rem Koolhaas 1987–1998. Spain: EL croquis editorial, 1998.

中文译著：

[1] [日] 香山寿夫 . 建筑意匠十二讲 [M]. 宁晶，译 . 北京：中国建筑工业出版社，2006.

[2] [美] 伊利尔·沙里宁 . 形式的探索：一条处理艺术问题的基本途径 [M]. 顾启源，译 . 北京：中国建筑工业出版社，1989.

[3] [瑞士]W·博奥席耶 . 勒·柯布西耶全集 . 1~8 卷 [M]. 牛燕芳，程超，译 . 北京：中国建筑工业出版社，2005.

[4] [美] 约翰·罗贝尔 . 静谧与光明：路易斯·康的建筑精神 [M]. 成寒，译 . 北京：清华大学出版社，2010.

[5] [德] 伊曼努尔·康德 . 判断力批判 [M]. 邓晓芒，译 . 北京：人民文学出版社，2002.

[6] [荷] 伯纳德·卢本 . 设计与分析 [M]. 仲德崑等，译 . 天津：天津大学出版社，2003.

[7] [英] 罗宾·埃文斯 . 人物、门、通道 [M]// 罗宾·埃文斯 . 从绘图到建筑物的翻译及其他文章 . 刘东洋译 . 北京：中国建筑工业出版社，2018：38-65.

[8] [英] 罗宾·埃文斯 . 密斯·凡·德·罗似是而非的对称 [M]// 罗宾·埃文斯 . 从绘图到建筑物的翻译及其他文章 . 刘东洋，译 . 北京：中国建筑工业出版社，2018：176-183.

[9] [挪威] 诺伯格·舒尔兹 . 存在·空间·建筑 [M]. 尹培桐，译 . 北京：中国建筑工业出版社，1984.

[10] [美] 罗伯特·文丘里 . 建筑的矛盾性与复杂性 [M]. 周卜颐，译 . 北京：建筑工业出版社，1991.

[11] [英] 罗宾·米德尔顿，[英] 戴维·沃特金 . 新古典主义与 19 世纪建筑 [M]. 邹晓玲等，译 . 北京：中国建筑工业出版社，2000.

[12] [瑞士] 勒·柯布西耶 . 走向新建筑 [M]. 陈志华，译 . 西安：陕西师范大学出版社，2004.

[13] [荷] 赫曼·赫兹伯格 . 建筑学教程：设计原理 [M]. 仲德崑，译 . 天津：天津大学出版社，2003.

[14] [俄] 瓦西里·康定斯基 . 康定斯基论点线面 [M]. 罗世平等，译 . 北京：中国人民大学出版社，2003.

[15] [美] 保罗·拉索 . 图解思考：建筑表现技法（第 3 版）[M]. 邱贤丰等，译 . 北京：中国建筑工业出版社，2002.

[16] [美] 戴维 .B. 布朗宁路，戴维 .G. 德·龙 . 易斯·I·康：在建筑的王国中 [M]. 马琴，译 . 北京：中国建筑工业出版社，2004.

[17] [美] 程大锦 . 建筑：形式、空间和秩序 [M]. 刘丛红，译 . 天津：天津大学出版社，2005.

中文文献：

[1] 顾大庆，柏庭卫 . 空间、建构与设计 [M]. 北京：中国建筑工业出版社，2011.

[2] 朱雷 . 空间操作现代建筑空间设计及教学研究的基础与反思（第二版）[M]. 南京：东南大学出版社，2015.

[3] 胡滨 . 空间与身体：建筑设计基础教程 [M]. 上海：同济大学出版社，2018.

[4] 朱雷 . "德州骑警"与"九宫格"练习的发展 [J]. 建筑师 128，2007（4）：40–49.

[5] 朱雷 . 从凡尔赛到拉维莱特：试析两个园的空间构成与巴黎城市的双重脉络 [J]. 新建筑，2007（1）：97–100.

[6] 朱剑飞 . 天朝沙场：清朝故宫及北京的政治空间构成纲要 [J]. 建筑师，1997（74）：101–112.

[7] 诸葛净 . 厅：身份、空间、城市——居住：从中国传统住宅到相关问题系列研究之一 [J]. 建筑师 . 2016（3）：72–79.

[8] 诸葛净 . 上房：性别空间与私的概念——居住：从中国传统城市住宅到相关问题系列研究之三 [J]. 建筑师，2016（5）：90–96.

[9] 李诫 编修 . 营造法式 [M]. 北京：商务印书馆，1954：51–56.

[10] 朱雷 . 从方盒子到院宅设计：建筑空间设计基础教案研究 [J]. 新建筑 2013（1）：15–20.

[11] 朱雷 . "院宅"设计：从生活感知开始的建筑空间设计入门 [J]. 建筑学报 2019（4）：106–109.